思维影响人生

用黄金思维解决生活难题

问道 编著

中国华侨出版社

北京

图书在版编目 (CIP) 数据

思维影响人生 : 用黄金思维解决生活难题 / 问道编
著 . — 北京 : 中国华侨出版社 , 2018.3
ISBN 978-7-5113-7401-1

Ⅰ . ①思… Ⅱ . ①问… Ⅲ . ①思维方法—通俗读物
Ⅳ . ① B80-49

中国版本图书馆 CIP 数据核字（2018）第 018490 号

思维影响人生：用黄金思维解决生活难题

编　　著：问　道
出 版 人：刘凤珍
责任编辑：兰　芷
封面设计：王明贵
文字编辑：李华凯
美术编辑：吴秀侠
插图绘制：维大卡　郑韶丹
封面供图：站酷海洛
经　　销：新华书店
开　　本：880mm×1230mm　1/32　印张：8　字数：320 千字
印　　刷：北京华平博印刷有限公司
版　　次：2018 年 5 月第 1 版　2018 年 5 月第 1 次印刷
书　　号：ISBN 978-7-5113-7401-1
定　　价：32.00 元

中国华侨出版社　北京市朝阳区静安里 26 号通成达大厦 3 层　邮编：100028
法律顾问：陈鹰律师事务所
发 行 部：（010）58815874　　　传　真：（010）58815857
网　　址：www.oveaschin.com　　E－m a i l：oveaschin@sina.com

如果发现印装质量问题，影响阅读，请与印刷厂联系调换。

前言

　　如果你的面前摆着一只水杯，杯子里面装着半杯水，你会用怎样的语言来描述它？

　　"我看到杯子中还有一半水"，还是"我看到杯子中一半没有水"？

　　这两种回答有什么区别吗？若从数学的角度来衡量这两句话，它们是可以画等号的。因为无论你怎样描述，都表述了一个事实：杯子的 1/2 空间装有水，另外 1/2 空间没有水。

　　然而，若从思维的角度来讲，两者是有着本质的区别的。看到杯中还有半杯水的人看到的是现在，是自己已经拥有的事物；看到杯中一半没有水的人看到的是空白，也就是看到了还未被开拓的那部分新领域。二者比较而言，看到现在的人很可能满足于当前的成绩，而难有更大的突破和前进；而看到空白的人眼光放得更远，时时刻刻在寻觅着更广阔的发展新空间。那么，二者最终所取得的成就也就会有差异了。而这些都源于他们思维的不同。

那么，思维究竟为何物呢？

心理学家与哲学家认为，思维是人类最本质的一种资源，是一种复杂的心理过程。他们将思维定义为：人脑经过长期进化而形成的一种特有的机能，是人脑对客观事物的本质属性和事物之间内在联系的规律性所作出的概括与间接的反应。

思维控制了一个人的思想和行动，也决定了一个人的视野、事业和成就。不同的思维会产生不同的观念和态度，不同的观念和态度产生不同的行动，不同的行动产生不同的结果。做任何事情，如果缺乏良好的思维，就会障碍重重，非但难以解决问题，而且还会使事情变得愈加复杂。只有具有良好的思维，才能化解生活中的难题，收获理想的硕果。正确的思维是开拓成功道路的重要动力源。

本书向读者介绍了 10 种重要的思维方法，其主要的目的就是帮助读者发掘出头脑中的资源，使大家掌握开启智慧的钥匙。同时，也为读者打开了 10 扇洞察世界的窗口，每一种思维方法向读者提供了一种思考问题的方式和角度，而各种思维本身又是相互交融、相互渗透的，在运用联想思维的同时，必然会伴随着形象思维；在运用逆向思维的时候，又会受到辩证思维的指引。这些思维方法的有机结合，为我们构建了全方位的视角，为各种问题的解决和思考维度的延伸提供了行之有效的指导。

目录

思维影响人生
——用黄金思维解决生活难题

序章

改变思维，改变人生

思维：人类最本质的资源

鲁迅先生曾说过这样一段话："外国用火药制造子弹来打敌人，中国却用它做爆竹敬神；外国用罗盘来航海，中国却用它来测风水；外国用鸦片来医病，中国却拿它当饭吃。"我们在回味鲁迅先生的这番尖锐的评论时，不应只将其作为揭露国人悲哀的样板，更应当思考其中蕴涵的更深层的意义：面对同样的事物，中国人与外国人为什么会采取不同的态度？为什么会有截然不同的用途？

难道说中国人没有外国人聪明？但事实却是中国发明火药、指南针的时间比外国早了几百年。难道说中国人不思进取、甘愿落后？这恐怕也不符合事实。中国人一向以自强不息、积极向上的面孔示人。那么，我们只能将其归结为思维方法的不同。

思维是人类最本质的一种资源，是一种复杂的心理现象，心理学家与哲学家都认为思维是人脑经过长期进化而形成的一种特有的机能，并把思维定义为"人脑对客观事物的本质属性和事物之间内在联系的规律性所作出的概括与间接的反应"。我们所说的思维方法就是思考问题的方法，是将思维应用到日常

思维影响人生
——用黄金思维解决生活难题

生活中，用于解决问题的具体思考模式。

我们说，思路决定出路。因为思维方法不同，看问题的角度与方式就不同；因为思维方法不同，我们所采取的行动方案就不同；因为思维方法不同，我们面对机遇进行的选择就不同；因为思维方法不同，我们在人生路上收获的成果就不同。

有这样一个小故事，希望能对大家有所启发。

两个乡下人外出打工，一个打算去上海，一个打算去北京。可是在候车厅等车时，又都改变了主意，因为他们听邻座的人议论说，上海人精明，外地人问路都收费；北京人质朴，见吃不上饭的人，不仅给馒头，还送旧衣服。去上海的人想，还是北京好，赚不到钱也饿不死，幸亏车还没到，不然真是掉进了火坑。去北京的人想：还是上海好，给人带路都挣钱，还有什么不能赚钱的呢？我幸好还没上车，不然就失去了一次致富的机会。

于是他们在退票处相遇了。原来要去北京的得到了去上海的票，去上海的得到了去北京的票。去北京的人发现，北京果然好，他初到北京的一个月，什么都没干，竟然没有饿着。不仅银行大厅的太空水可以白喝，而且商场里欢迎品尝的点心也可以白吃。去上海的人发现，上海果然是一个可以发财的城市，干什么都可以赚钱，带路可以赚钱，开厕所可以赚钱，弄盆凉水让人洗脸也可以赚钱。只要想办法，花点力气就可以赚钱。

凭着乡下人对泥土的感情和认识，他从郊外装了10包含有沙子和树叶的土，以"花盆土"的名义，向不见泥土又爱花的上海人出售。当天他在城郊间往返6次，净赚了50元钱。一年后，凭"花盆土"，他在大上海拥有了一间小小的门面房。在长年的走街串巷中，他又有一个新发现：一些商店楼面亮丽而招牌较黑，一打听才知道是清洗公司只负责洗楼而不负责洗招牌的结果。他立即抓住这一空当，买了梯子、水桶和抹布，办起了一个小型清洗公司，专门负责清洗招牌。如今他的公司已有150多名员工，业务也由上海发展到了杭州和南京。

前不久，他坐火车去北京考察市场。在北京站，一个捡破烂的人把头伸进卧铺车厢，向他要一个啤酒瓶，就在递瓶时，两人都愣住了，因为5年前他们曾经交换过一次车票。

我们常常感叹：面对相同的境遇，具有相近的出身背景，持有相同的学历文凭，付出相近的努力，为什么有的人能够脱颖而出，而有的人只能流于平庸？为什么有的人能够飞黄腾达、演绎完美人生，而有的人只能一败涂地、满怀怨恨而终？

我们不得不说，这些区别和差距的产生往往也源于思维方

思维影响人生
——用黄金思维解决生活难题

式的不同。成功者之所以成功，是因为他们掌握并运用了正确的思维方法。正确的思维方法可以为人们提供更为准确、更为开阔的视角，能够帮助人们洞穿问题的本质，把握成功的先机。而失败的人之所以失败，是因为他们不善于改变思维方法，陷入了思维的误区和解决问题的困境，就像一位工匠雕琢一件艺术品时选错了工具，最后得到的必然不会是精品。

为什么从苹果落地的简单事件中，只有牛顿能够引发万有引力的联想？为什么看到风吹吊灯的摆动，只有伽利略能够发现单摆的规律？为什么看到开水沸腾的景象，只有瓦特能够将其原理运用到蒸汽机的创造之中？因为他们运用了正确的思维方法，所以他们才能走在时代的最前沿。

启迪思维是提升智慧的途径

我们一直都深信"知识就是力量"，并将其奉为金科玉律，认为只要有了文凭，有了知识，自身的能力就无可限量了。事实却不完全如此，下面这个小故事也许能够给你带来一些启示。

在很久以前的希腊，一位年轻人不远万里四处拜师求学，为的是能得到真才实学。他很幸运，一路上遇到了许多学识渊博者，他们感动于年轻人的诚心，将毕生的学识毫无保留地传授给了年轻人。可是让年轻人感到苦恼的是，他学到的知识越多，就越觉得自己无知和浅薄。

他感到极度困惑，这种苦恼时刻折磨着他，使他寝食难安。

于是，他决定去拜访远方的一位智者，据说这位智者能够帮助人们解决任何难题。他见到了智者，便向他倾诉了自己的苦恼，并请求智者想一个办法，让他从苦恼中解脱出来。

智者听完了他的诉说之后，静静地想了一会儿，然后慢慢地问道："你求学的目的是为了求知识还是求智慧？"年轻人听后大为惊诧，不解地问道："求知识和求智慧有什么不同吗？"那位智者笑道："这两者当然不同了，求知识是求之于外，当你对外在世界了解得越深越广，你所遇到的问题也就越多越难，这样你自然会感到学到的越多就越无知和浅薄。而求智慧则不然，求智慧是求之于内，当你对自己的内心世界了解得越多越深时，你的心智就越圆融无缺，你就会感到一股来自于内在的智性和力量，也就不会有这么多的烦恼了。"

思维影响人生
——用黄金思维解决生活难题

年轻人听后还是不明白，继续问道："智者，请您讲得更简单一点好吗？"智者就打了一个比喻："有两个人要上山去打柴，一个早早地就出发了，来到山上后却发现自己忘了磨砍柴刀，只好用钝刀劈柴。另一个人则没有急于上山，而是先在家把刀磨快后才上山，你说这两个人谁打的柴更多呢？"年轻人听后恍然大悟，对智者说："您的意思是，我就是那个只顾砍柴而忘记磨刀的人吧！"智者笑而不答。

人们往往把知识与智慧混为一谈，其实这是一种错误的观念。知识与智慧并不是一回事，一个人知识的多少，是指他对外在客观世界的了解程度，而智慧水平的高低不仅在于他拥有多少知识，还在于他驾驭知识、运用知识的能力。其中，思维能力的强弱对其具有举足轻重的作用。

人们对客观事物的认识，第一步是接触外界事物，产生感觉、知觉和印象，这属于感性认识阶段；第二步是将综合感觉的材料加以整理和改造，逐渐把握事物的本质、规律，产生认识过程的飞跃，进而构成判断和推理，这属于理性认识阶段。我们说的思维指的就是这一阶段。

在现实生活中，我们常常看到有的人知识、理论一大堆，谈论起来引经据典、头头是道，可一旦面对实际问题，却束手束脚不知如何是好。这是因为他们虽然掌握了知识，却不善于通过开启思维运用知识。另有一些人，他们的知识不多，但他们的思维活跃、思路敏捷，能够把有限的知识举一反三，将之灵活地应用到实践当中。

南北朝的贾思勰，读了荀子《劝学篇》中"蓬生麻中，不扶而直"的话，他想：细长的蓬生长在粗壮的麻中会长得很直，那么，细弱的槐树苗种在麻田里，也会这样吗？于是他开始做试验，由于阳光被麻遮住，槐树为了争夺阳光只能拼命地向上长。三年过后，槐树果然长得又高又直。由此，贾思勰发现植物生长的一种普遍现象，并总结出了一个规律。

古希腊的哲学家赫拉克利特说：知识不等于智慧。掌握知识和拥有智慧是人的两种不同层次的素质。对于它们的关系，我们可以打这样一个比方：智慧好比人体吸收的营养，而知识是人体摄取的食物，思维能力是人体消化的功能。人体能吸收多少营养，不仅在于食物品质的好坏，也在于消化功能的优劣。如果一味地贪求知识的增加，而运用知识的思维能力一直在原地踏步，那么他掌握的知识就会在他的头脑当中处于僵化状态，反而会对他实践能力的发挥形成束缚和障碍。这就像消化不良的人吃了过多的食物，多余的营养无法吸收，反倒对身体有害。

我们一再强调思维，绝非贬低知识的价值。我们知道，思维是围绕知识而存在的，没有了知识的积累，思维的灵活运用也会存在障碍。因此，学习知识和启迪思维是提升自身智慧不可偏废的两个方面。没有知识的支撑，智慧也就成了无源之水、无本之木；没有思维的驾驭，知识就像一潭死水，波澜不兴，智慧也就更无从谈起了。

思维影响人生
——用黄金思维解决生活难题

环境不是失败的借口

有些人回首往昔的时候，满是悔恨与感叹：努力了，却没有得到应有的回报；拼搏了，却没有得到应有的成功。他们抱怨，抱怨自己的出身背景没有别人好，抱怨自己的生长环境没有别人优越，抱怨自己拥有的资源没有别人丰富。总之，外界的一切都成了他们抱怨的对象。在他们的眼里，环境的不尽如人意是导致失败的关键因素。

然而，他们错了。环境并不能成为失败的借口。环境也许恶劣，资源也许匮乏，但只要积极地改变自己的思维，一定会有更好的解决问题的办法，一定会得到"柳暗花明又一村"的效果。

我们身边的许多人，就是通过灵活地运用自己的思维，改变了不利的环境，使有限的资源发挥出了最大的效益。

广州有一家礼品店，在以报纸做图案的包装纸的启发下，通过联系一些事业单位低价收下大量发黄的旧报纸，推出用旧报纸免费包装所售礼品的服务。店主特地从报纸中挑选出特殊日子的或有特别图案的，并分类命名，使顾客可以根据自己的个性和爱好选择相应的报纸。这种服务推出后，礼品店的生意很快就火了起来。

这家礼品店的老板不见得比我们聪明，他可以利用的资源也不比别的礼品店经营者的多，但他却成功了。因为他转变了思维，寻找到了一个新方法。

我们在做事的过程中经常会遇到资源匮乏的问题，但只要我们肯动脑筋，善于打通自己的思维网络，激发脑中的无限创意，就一定能够将问题圆满解决。

总是有人抱怨手中的资源太少，无法做成大事。而一流的人才根本不看资源的多少，而是凡事都讲思维的运用。只要有了创造性思维，即使资源少一些又有什么关系呢？

1972年新加坡旅游局给总理李光耀打了一份报告说：

"新加坡不像埃及有金字塔，不像中国有长城，不像日本有富士山，不像夏威夷有十几米高的海浪。我们除了一年四季直射的阳光，什么名胜古迹都没有。要发展旅游事业，实在是巧妇难为无米之炊。"

李光耀看过报告后，在报告上批下这么一行文字：

"你还想让上帝给我们多少东西？上帝给了我们最好的阳光，只要有阳光就够了！"

后来，新加坡利用一年四季直射的阳光，大量种植奇花异草、名树修竹，在很短的时间内就发展成为世界上著名的"花园城市"，连续多年旅游业收入位列亚洲第二。

思维影响人生
——用黄金思维解决生活难题

是啊，只要有阳光就够了。充分地利用这"有限"的资源，将其赋予"无限"的创意思维，即使只具备一两点与众不同之处，也是可以取得巨大成功的。

每一件事情都是一个资源整合的过程，不要指望别人将所需资源全部准备妥当，只等你来"拼装"；也不要指望你所处的环境是多么的尽如人意。任何事情都需要你开启自己的智慧，改变自己的思维，积极地去寻找资源，没有资源也要努力创造资源。只有这样，才能踏上成功之路。

正确的思维为成功加速

思维是一种心境，是一种妙不可言的感悟。在伴随人们实践行动的过程中，正确的思维方法、良好的思路是化解疑难问题、开拓成功道路的重要动力源。一个成功的人，首先是一个积极的思考者，经常积极地想方设法运用各种思维方法，去应对各种挑战和各种困难。因此，他们也较容易体味到成功的欣喜。

美国船王丹尼尔·洛维格就是一个典型的成功例子。

从他获得自己的第一桶金，乃至他后来拥有数十亿美元的资产，都和他善于运用思维、善于变通地寻找方法息息相关。

当洛维格第一次跨进一家银行的大门，人家看了看他那磨破了的衬衫领子，又见他没有什么可作抵押的东西，很自然地拒绝了他的贷款申请。

他又来到大通银行，千方百计总算见到了该银行的总裁。他对总裁说，他把货轮买到后，立即改装成油轮，他已把这艘尚未买下的船租给了一家石油公司。石油公司每月付给的租金，就用来分期还他要借的这笔贷款。他说他可以把租契交给银行，由银行去跟那家石油公司收租金，这样就等于分期付款了。

大通银行的总裁想：洛维格一文不名，也许没有什么信用可言，但是那家石油公司的信用却是可靠的。拿着租契去石油公司按月收钱，这自然是十分稳妥的。

洛维格终于贷到了第一笔款。他买下了他所要的旧货轮，把它改成油轮，租给了石油公司。然后又用这艘船作抵押，借了另一笔款，又买了一艘船。

洛维格能够克服困难，最终达到自己的目的，他的成功与精明之处，就在于能够变通思维，用巧妙的方法使对方忽略他的一文不名，而看到他的背后有一家石油公司的可靠信用为他做支撑，从而成功地借到了钱。

和洛维格相仿，委内瑞拉人拉菲尔·杜德拉也是凭借积极的思维方法，不断找到好机会进行投资而成功的。在不到20年的时间里，他就建立了投资额达10亿美元的事业。

在20世纪60年代中期，杜德拉在委内瑞拉的首都拥有一家很小的玻璃制造公司。可是，他并不满足于此，他学过石油工程，他认为石油是个能赚大钱且更能施展自己才干的行业，他一心想跻身于石油界。

思维影响人生
——用黄金思维解决生活难题

有一天，他从朋友那里得到一则信息，说是阿根廷打算从国际市场上采购价值 2000 万美元的丁烷气。得此信息，他充满了希望，认为跻身于石油界的良机已到，于是立即前往阿根廷，想争取到这笔生意。

去后，他才知道早已有英国石油公司和壳牌石油公司两个老牌大企业在频繁活动了。这是两家十分难以对付的竞争对手，更何况自己对石油业并不熟悉，资本又不雄厚，要做成这笔生意难度很大。但他并没有就此罢休，他决定采取迂回战术。

一天，他从一个朋友处了解到阿根廷的牛肉过剩，急于找门路出口外销。他灵机一动，感到幸运之神到来了，这等于向他提供了同英国石油公司及壳牌公司同等竞争的机会，对此他充满了必胜的信心。

他旋即去找阿根廷政府。当时他虽然还没有掌握丁烷气，但他确信自己能够弄到，他对阿根廷政府说："如果你们向我买 2000 万美元的丁烷气，我便买你 2000 万美元的牛肉。"当时，阿根廷政府想赶紧把牛肉推销出去，便把购买丁烷气的标给了杜德拉，他终于战胜了两个强大的竞争对手。

投标争取到后，他立即筹办丁烷气。他随即飞往西班牙，当时西班牙有一家大船厂，由于缺少订货而濒临倒闭。西班牙政府对这家船厂的命运十分关切，想挽救这家船厂。

这一则消息，对杜德拉来说，又是一个可以把握的好机会。他便去找西班牙政府商谈，杜德拉说："假如你们向我买2000万美元的牛肉，我便向你们的船厂订制一艘价值2000万美元的超级油轮。"西班牙政府官员对此求之不得，当即拍板成交，马上通过西班牙驻阿根廷使馆，与阿根廷政府联络，请阿根廷政府将杜德拉所订购的2000万美元的牛肉，直接运到西班牙来。

杜德拉把2000万美元的牛肉转销出去之后，继续寻找丁烷气。他到了美国费城，找到太阳石油公司，他对太阳石油公司说："如果你们能出2000万美元租用我这条油轮，我就向你们购买2000万美元的丁烷气。"太阳石油公司接受了杜德拉的建议。从此，他便打进了石油业，实现了跻身于石油界的愿望。经过苦心经营，他终于成为委内瑞拉石油界的巨子。

洛维格与杜德拉都是具有大智慧、大胆魄的商业奇才。他们能够在困境中积极灵活地运用自己的思维，变通地寻找方法，创造机会，将难题转化为有利的条件，创造了更多可以利用的资源。

这两个人的事例告诉我们，影响我们人生的绝不仅仅是环境，在很大程度上，思维控制了个人的行动和思想。同时，思维也决定了自己的视野、事业和成就。美国一位著名的商业人士在总结自己的成功经验时说，他的成功就在于他善于运用思维、改变思维，他能根据不同的困难，采取不同的方法，最终克服困难。

思维影响人生
——用黄金思维解决生活难题

思维决定着一个人的行为，决定着一个人的学习、工作和处世的态度。正确的思维可以为成功加速，只有明白了这个道理，才能够较好地把握自己，才能够从容地化解生活中的难题，才能够顺利地到达智慧的最高境界。

改变思维，改变人生

马尔比·D.巴布科克说："最常见同时也是代价最高昂的一个错误，就是认为成功依赖于某种天才、某种魔力、某些我们不具备的东西。"成功的要素其实掌握在我们自己手中，那就是正确的思维。一个人能飞多高，并非由人的其他因素，而是由他自己的思维所制约。

下面有这样一个故事，相信对大家会有启发。

一对老夫妻结婚50周年之际，他们的儿女为了感谢他们的养育之恩，送给他们一张世界上最豪华客轮的头等舱船票。老夫妻非常高兴，登上了豪华游轮。真的是大开眼界，可以容纳几千人的豪华餐厅、歌舞厅、游泳池、娱乐厅等应有尽有。唯一遗憾的是，这些设施的价格非常昂贵，老夫妻一向很节省，舍不得去消费，只好待在豪华的头等舱里，或者到甲板上吹吹风，还好来的时候他们怕吃不惯船上的食物，带了一箱泡面。

转眼游轮的旅程要结束了，老夫妻商量，回去以后如果邻居们问起来船上的饮食娱乐怎么样，他们都无法回答，所以决定最后一晚到豪华餐厅里吃一顿，反正最后一次了，奢侈一次

思维影响人生
——用黄金思维解决生活难题

也无所谓。他们到了豪华的餐厅，烛光晚餐、精美的食物，他们吃得很开心，仿佛找到了初恋时候的感觉。晚餐结束后，丈夫叫来服务员要结账。服务员非常有礼貌地说："请出示一下您的船票。"丈夫很生气："难道你以为我们是偷渡上来的吗？"说着把船票丢给了服务员，服务员接过船票，在船票背面的很多空栏里划去了一格，并且十分惊讶地说："二位上船以后没有任何消费吗？这是头等舱船票，船上所有的饮食、娱乐，都已经包含在船票里了。"

这对老夫妇为什么不能够尽情享受？是他们的思维禁锢了他们的行为，他们没有想到将船票翻到背面看一看。我们每一个人都会遇到类似的经历，总是死守着现状而不愿改变。就像我们头脑中的思维方式，一旦哪一种观念占据了上风，便很难改变或不愿去改变，导致做事风格与方法没有半点变通，最终只能将自己逼入"死胡同"。

如果我们能够像下面故事中的比尔一样，适时地转换自己的思维方法，就会使自己的思路更加清晰，视野更加开阔，做事的方法也更灵活，自然就会取得更优秀的成就。从某种程度上讲，改变了思维，人生的轨迹也会随之改变。

从前有一个村庄严重缺少饮用水，为了根本性地解决这个问题，村里的长者决定对外签订一份送水合同，以便每天都能有人把水送到村子里。艾德和比尔两个人愿意接受这份工作，于是村里的长者把这份合同同时给了这两个人，因为他们知道一定的竞争将既有益于保持价格低廉，又能确保水的供应。

获得合同后，比尔就消失了，艾德立即行动了起来。没有了竞争使他很高兴，他每日奔波于相距 1 公里的湖泊和村庄之间，用水桶从湖中打水并运回村庄，再把打来的水倒在由村民们修建的一个结实的大蓄水池中。每天早晨他都必须起得比其他村民早，以便当村民需要用水时，蓄水池中已有足够的水供他们使用。这是一项相当艰苦的工作，但艾德很高兴，因为他能不断地挣到钱。

几个月后，比尔带着一个施工队和一笔投资回到了村庄。原来，比尔做了一份详细的商业计划，并凭借这份计划书找到了 4 位投资者，和他们一起开了一家公司，并雇用了一位职业经理。比尔的公司花了整整一年时间，修建了从村庄通往湖泊的输水管道。

在隆重的贯通典礼上，比尔宣布他的水比艾德的水更干净，因为比尔知道有许多人抱怨艾德的水中有灰尘。比尔还宣称，他能够每天 24 小时、一星期 7 天不间断地为村民提供用水，而艾德却只能在工作日里送水，因为他在周末同样需要休息。同时比尔还宣布，对这种质量更高、供应更为可靠的水，他收取的价格却是艾德的 75%。于是村民们欢呼雀跃、奔走相告，并立刻要求从比尔的管道上接水龙头。

为了与比尔竞争，艾德也立刻将他的水价降低到 75%，并且又多买了几个水桶，以便每次多运送几桶水。为了减少灰尘，

思维影响人生
——用黄金思维解决生活难题

他还给每个桶都加上了盖子。用水需求越来越大，艾德一个人已经难以应付，他不得已雇用了员工，可又遇到了令他头痛的工会问题。工会要求他付更高的工资、提供更好的福利，并要求降低劳动强度，允许工会成员每次只运送一桶水。

此时，比尔又在想，这个村庄需要水，其他有类似环境的村庄一定也需要水。于是他重新制订了他的商业计划，开始向其他的村庄推销他的快速、大容量、低成本并且卫生的送水系统。每送出一桶水他只赚1便士，但是每天他能送几十万桶水。无论他是否工作，几十万人都要消费这几十万桶的水，而所有的这些钱最后都流到比尔的银行账户中。显然，比尔不但开发了使水流向村庄的管道，而且还开发了一个使钱流向自己钱包的管道。

从此以后，比尔幸福地生活着，而艾德在他的余生里仍拼命地工作，最终还是陷入了"永久"的财务问题中。

比尔之所以能获得成功，就在于他懂得及时转变思路。当得到送水合同时，他并没有立即投入挑水的队伍中，而是运用他的系统思维将送水工程变成了一个体系，在这个体系中的人物各有分工，通力协作。当这一送水模式在本村庄获得成功后，比尔又运用他的联想思维与类比思维，考虑到其他的村庄也需要这种安全、卫生、方便的送水服务，更加开拓了他的业务范围。比尔正是运用了巧妙的思维达到了"巧干"的结果。

思路决定出路，思维改变人生。拥有正确的思维，运用正确的思维，灵活改变自己的思维，才能使自己的路越走越宽，才能使自己的成就越来越显著，才能演绎出更加精彩的人生画卷。

让思维的视角再扩大一倍

有人问：创造性最重要的先决条件是什么？我们给出的答案是"思维开阔"。

假设你站在房子中央，如果你朝着一个方向走2步、3步、5步、7步或10步，你能看到多少原来看不到的东西呢？房子还是原来的房子，院子还是原来的院子。现在设想你离开房子走了100步、500步、700步，是否看到了更多的新东西？再设想你离开房子走了100米、1000米或10000米，你的视界是否有所改变？你是否看到了许多新的景色？你身边到处都是新的发现、新的事物、新的体验，你必须多迈出几步，因为你走得越远，有新发现的几率越高。

由于受到各种思维定式的影响，人们对于司空见惯的事物其实并不真正了解。也可以说，我们经常自以为海阔天空、无拘无束地思索，其实说不定只是在原地兜圈子。只有当我们将自己的视角扩大一些，来观察这个世界的时候，才可能发现它有许许多多奇妙的地方，才能发觉原先思考的范围很狭窄。

意大利有一所美术学院，在学生外出写生时，教师要求他们背对景物，脖子拼命朝后仰，颠倒过来观察要画的景物。据

思维影响人生
——用黄金思维解决生活难题

说，这样才能摆脱日常观察事物所形成的定式，从而扩大视野，在熟悉的景物中看出新意，或者发现平时所忽略的某些细节。

同样的道理，当我们欣赏落日余晖的时候，不妨把目光转向东方，那里有许多被人忽略的壮丽景观，像流动的彩云、窗户上反射出的日光等等；还可以把目光转向北方、南方的整个天空，这也是一种训练观察范围的方法，随着观察范围的扩大，创意的素材就会源源不断地进入我们的头脑。

也许有人会认为，观察和思考某一个对象，就应该全力集中在这一个对象身上，不应该扩大观察和思考的范围，以免分散注意力。而实际情况并非如此。多视角、多项感观机能的调动对于创新思维往往能够起到促进作用。人们发现，儿童在回答创意测验题时，喜欢用眼睛扫视四周，试图找到某种线索。线索丰富的环境能够给被试者以良好的思维刺激，使他获得更多的创见。

科学家进行过这样一次测试，首先把一群人关进一所无光、无声的室内，使他们的感官不能充分发挥作用。然后再对他们进行创新思维的测试，结果，这些人的得分比其他人要低很多。

由此可见，观察和思考的范围不能过于狭窄。

扩展思维的广度，也就意味着思维在数量上的增加，像增加可供思考的对象，或者得出一个问题的多种答案，等等。从实际的思维结果上看，数量上的"多"能够引出质量上的"好"，因为数量越大，可供挑选的余地也就越大，其中产生好创意的可能性也就越大。谁都不能保证，自己所想出的点子，肯定是最好的点子。

从思维对象方面来看，由于它具有无穷多种属性，因而使得我们的思维广度可以无穷地扩展，而永远不会达到"尽头"。扩展一种事物的用途，常常会导致一项新创意的出现。

让思维在自由的原野上"横冲直撞"

美国康奈尔大学的威克教授曾做过这样一个实验：他把几只蜜蜂放进一个平放的瓶中，瓶底向光；蜜蜂们向着光亮不断碰壁，最后停在光亮的一面，奄奄一息；然后在瓶子里换上几只苍蝇，不到几分钟，所有的苍蝇都飞出去了。原因是它们多方尝试——向上、向下、向光、背光，碰壁之后立即改变方向，虽然免不了多次碰壁，但最终总会飞向瓶颈，脱口而出。

威克教授由此总结说：

"横冲直撞总比坐以待毙好得多。"

思维阔无际崖，拥有极大自由，同时，它又最容易被一些东西束缚而困守一隅。

在哥白尼之前，"地心说"统治着天文学界；在爱因斯坦发现相对论之前，牛顿的万有引力似乎完美无缺。大家的思维因有了一个现成的结论，而变得循规蹈矩，不再去八面出击。后来，哥白尼和爱因斯坦"横冲直撞"，前者才发现了"地心说"的错误，后者发现了万有引力的局限。

思维影响人生
——用黄金思维解决生活难题

在学习与工作中，我们要学一学苍蝇，让思维放一放野马，在自由的原野上"横冲直撞"一下，也许你会看到意想不到的奇妙景象。

1782 年的一个寒夜，蒙格飞兄弟烧废纸取暖，他俩看见烟将纸灰冲上房顶，突然产生了"能否把人送上天"的联想，于是兄弟俩用麻布和纸做了个奇特的彩色大气球，八个大汉扯住口袋进行加温随后升天，一直飞到数千米高空，令法国国王不停地称奇！从而开辟了人类上天的先河。

英军记者斯文顿在第一次世界大战中，目睹英法联军惨败于德军坚固的工事和密集的防御火力后，脑中一直盘旋着怎样才能对付坚固的工事和密集的火力这一问题。一天，他灵感突发，想起在拖拉机周围装上钢板，配备机枪，发明了既可防弹，又能进攻的坦克，为英军立下奇功。

有时，并不是我们没有创造力，而是我们被已有的知识限制，思维变得凝滞和僵化。而那些思维活跃、善于思考的人往往能做到别人认为不可能做到的事情。

1976 年 12 月 的 一个寒冷早晨，三菱电机公司的工程师吉野 2 岁的女儿将报纸上的

广告单卷成了一个纸卷，像吹喇叭似的吹起来。然后她说："爸爸，我觉得有点暖乎乎的啊。"孩子的感觉是喘气时的热能透过纸而被传导到手上。正苦于思索如何解决通风电扇节能问题的吉野突然受到了启发：将纸的两面通进空气，使其达到热交换。他以此为原型，用纸制作了模型，用吹风机在一侧面吹冷风，在另一侧面吹进暖风，通过一张纸就能使冷风变成暖风，而暖风却变成了冷风。此热交换装置仅仅是将糊窗子用的窗户纸折叠成像折皱保护罩那样一种形状的东西，然后将它安装在通风电扇上。室内的空气通过折皱保护罩的内部而向外排出；室外的空气则通过折皱保护罩的外侧而进入保护罩内。通过中间夹着的一张纸，使内、外两方面的空气相互接触，使其产生热传导的作用。如果室内是被冷气设备冷却了的空气，从室外进来的空气就能加以冷却，比如室内温度26℃，室外温度32℃，待室外空气降到27.5℃之后，再使其进入室内。如果室内是暖气，就将室外空气加热后再进入室内，比如室外0℃，室内20℃，则室外寒风加热到15℃以后再入室。这样，就可节约冷、热气设备的能源。

　　三菱电机公司把这一装置称作"无损耗"的商品，并在市场出售。使用此装置，每当换气之际，其损失的能源可回收2/3。

　　有时，我们会被难以解决的问题所困扰，这时，需要我们为思路打开一个出口，开辟一片自由的思想原野，让思维在这片原野上"横冲直撞"，这样，会让你得到更多。

思维影响人生
——用黄金思维解决生活难题

第一章

创新思维——想到才能做到

创新思维始于一种意念

事实上，我们每天都会产生创新思维。因为我们在不断改变我们所持有的对世界的看法。

有人说，创新行为是一种偶然行为。不可否认，创新有其偶然性，但更多的创新实践者在创新的过程中是意识到他们的行为的意义与价值的。也就是说，他们知道自己是在创新，而且，他们有创新的欲望，创新思维已经深入他们的头脑，成为他们的一种意念。

有人称赞牛顿思路灵活、思维具有创造性，为人类作出了重大的贡献。牛顿说："我只是整天想着去发现而已。"牛顿的"整天想着去发现"就是一种创新的意念。

可以说，创新思维就始于创新的意念。在生活和工作中，如果我们能够像牛顿一样，具有强烈的创新意念，就一定会发现别人发现不了的东西。

王伟在一家广告公司做创意文案。一次，一个著名的洗衣粉制造商委托王伟所在的公司做广告宣传，负责这个广告创意的好几位文案创意人员拿出的东西都不能令制造商满意。没办

思维影响人生
——用黄金思维解决生活难题

法，经理让王伟把手中的事先搁置几天，专心完成这个创意文案。

接连几天，王伟在办公室里抚弄着一整袋的洗衣粉，想："这个产品在市场上已经非常畅销了，人家以前的许多广告词也非常富有创意。那么，我该怎么下手才能重新找到一个点，作出既与众不同，又令人满意的广告创意呢？"

有一天，他在苦思之余，把手中的洗衣粉袋放在办公桌上，又翻来覆去地看了几遍，突然间灵光闪现，他想把这袋洗衣粉打开看一看。于是他找了一张报纸铺在桌面上，然后，撕开洗衣粉袋，倒出了一些洗衣粉，一边用手揉搓着这些粉末，一边轻轻嗅着它的味道，寻找感觉。

突然，在射进办公室的阳光下，他发现了洗衣粉的粉末间遍布着一些特别微小的蓝色晶体。审视了一番后，证实的确不是自己看花了眼，他便立刻起身，亲自跑到制造商那儿问这到底是什么东西，得知这些蓝色小晶体是一些"活力去污因子"。因为有了它们，这一次新推出的洗衣粉才具有了超强洁白的效果。

明白了这些情况后，王伟回去便从这一点下手，绞尽脑汁，寻找最好的文字创意，因此推出了非常成功的广告。

正因为整天都想着去发现、去创造，王伟才能够瞬间找到创作的灵感。同样，也正由于整天想着去发现，蒙牛的杨文俊才能想出方便消费者的好办法。

2002年2月，时值春节，蒙牛液体奶事业本部总经理杨文俊在深圳沃尔玛超市购物时，发现人们购买整箱牛奶搬运起来非常困难。

由于当时是购物高峰，很多汽车无法开进超市的停车场，而商场停车管理员又不允许将购物手推车推出停车场，消费者只有来回好几次才能将购买的牛奶及其他商品搬上车，这一细节引起了杨文俊的重视。

此后，杨文俊就不断在思考这件事情，想着怎么样才能方便搬运整箱的牛奶。

一次偶然的机会，杨文俊购买了一台VCD，往家拎时，拎出了灵感：

一台VCD比一箱牛奶要轻，厂家都能想到在箱子上安一个提手，我们为什么不能在牛奶包装箱上也装一个提手，使消费者在购物时更加便利呢？

这一想法在会上一经提出，就得到了大家的认同，并马上得以实施。

这个创意使蒙牛当年的液体奶销售量大幅度增长，同行也

思维影响人生
——用黄金思维解决生活难题

纷纷效仿。

现在看来，这一创意很简单。可为什么杨文俊能够提出来，而其他人却提不出来呢？原因就在于是否有创新的意识，是否能做到"整天想着去发现"。

我们常说"心想事成"，而"心想"是前提。如果没有"心想"的意念，自然不会产生"事成"的结果。创新思维的开启同样始于创新的意念。有了创新的意念，才能将创新更好地付诸行动。创新思维是可以培养的，只要拥有创新的意念，整天想着去发现，创新的念头和思路就会源源不断地涌现出来。

打破思维的定式

曾经有一位专家设计过这样一个游戏：

十几个学员平均分为两队，要把放在地上的两串钥匙捡起来，从队首传到队尾。规则是必须按照顺序，并使钥匙接触到每个人的手。

比赛开始并计时。两队的第一反应都是按专家做过的示范：捡起一串，传递完毕，再传另一串，结果都用了 15 秒左右。

专家提示道："再想想，时间还可以再缩短。"

其中一队似乎"悟"到了，把两串钥匙拴在一起同时传，这次只用了 5 秒。

专家说："时间还可以再减半，你们再好好想想！"

"怎么可能？！"学员们面面相觑，左右四顾，不太相信。

　　这时，场外突然有一个声音提醒道："只是要求按顺序从手上经过，不一定非得传啊！"

　　另一队恍然大悟，他们完全抛开了传递方式，每个人都伸出一只手扣成圆桶状，摞在一起，形成一个通道，让钥匙像自由落体一样从上落下来，既按照了顺序，同时也接触了每个人的手，所花的时间仅仅是 0.5 秒！

　　美国心理学家邓克尔通过研究发现，人们的心理活动常常会受到一种所谓"心理固着效果"的束缚，即我们的头脑在筛选信息、分析问题、作决策的时候，总是自觉或不自觉地沿着以前所熟悉的方向和路径进行思考，而不善于另辟新路。这种熟悉的方向和路径就是"思维的定式"。

　　人一旦陷入思维的定式，他的潜能便被抹杀了，离创新之

思维影响人生
——用黄金思维解决生活难题

路也就越来越远了。下面这个小实验也许可以说明这一点。

有一只长方形的容器，里面装了 5 千克的水。如何想个最简单的办法，让容器里的水去掉一半，使之剩下 2.5 千克。

有人说，把水冻成冰，切去一半；还有人说，用另一容器量出一半。但是最简便的方法，是把容器倾斜成一定的角度。相当于将一块长方形木块，从对角线锯成两块。如果是固体，人们很自然会从这方面去想；如果是液体，就要靠思维去分析。

这个例子说明，看问题既要看到事物的这一面，又要想到事物的另一面；平面可以看成立体，液体可以想象成固体，反之亦然。它属于平面几何学的范畴。平面几何学成功地把三维中的一些问题抽象成了二维，使许多问题得以简化；而在生活中，应避免将三维简化为二维的思维定式。

在荒无人烟的河边停着一条小船，这条小船只能容纳一个人。有两个人同时来到河边，两个人都乘这条船过了河。请问，他们是怎样过河的？很简单，两人是分别处在河的两岸，先是一个渡过河来，然后另一个渡过去。

对于这道题，有些人大概"绞尽了脑汁"。的确，小船只能坐一人，如果他们是处在同一河岸，对面又没有人，他们无论如何也不能都渡过去。当然，你可能也设想了许多方法，如一个人先过去，然后再用什么方法让小船空着回来等。但你为什么始终要想到这两个人是在同一个岸边呢？题目本身并没有这样的意思呀！看来，你还是从习惯出发，从而形成了"思维栓塞"。

思维定式是人们从事某项活动的一种预先准备的心理状态，它能够影响后续活动的趋势、程度和方式。构成思维定式的因素：一是有目的地注意。猎人能够在一位旅游者毫无察觉的情况下，发现潜伏在草丛中的野兽，就是定式的作用。二是刚刚发生的感知经验。在人多次感知两个重量不相等的钢球后，对两个重量相等的钢球也会感知为不相等。三是认知的固定倾向。如果给你看两张照片，一张照片上的人英俊、文雅，另一照片上的人凶恶、丑陋，然后对你说，这两人中有一个是全国通缉的罪犯，要你指出谁是罪犯，你大概不会犹豫吧！先前形成的经验、习惯、知识等都会使人形成认知的固定倾向，影响后来的分析、判断，形成"思维栓塞"——即思维总是摆脱不了已有"框框"的束缚，从而表现出消极的思维定式。

对于创新思维的培养来说，思维的定式是比较可怕的，创新思维的缺乏也往往是由于自我设限造成的，随着时间的推移，我们所看到的、听到的、感受到的、亲身经历的各种现象和事件，一个个都进入我们的头脑中而构成了思维模式。这种模式一方面指引我们快速而有效地应对、处理日常生活中的各种小问题，然而另一方面，它却无法摆脱时间和空间所造成的局限性，让人难以走出那无形的边框，而始终在这个模式的范围内打转转。

要想培养创新思维，必须先打破这种"心理固着效果"，勇敢地冲破传统的看事物、想问题的模式，用全新的思路来考察

思维影响人生
——用黄金思维解决生活难题

和分析面对的问题，进而才有可能产生大的突破。

拆掉"霍布森之门"

何谓"霍布森之门"？

这源于一个"霍布森选择"的故事。关于"霍布森选择"的故事版本有很多，这是其中的一个版本。

1631 年，英国剑桥有一个名叫霍布森的马匹生意商人，对前来买马的人承诺：只要给一个低廉的价格，就可以在他的马匹中随意挑选，但他附加了一个条件：只允许挑选能牵出圈门的那匹马。

这显然是一个圈套，因为好马的身形都比较大，而圈门很小，只有身形瘦小的马才能通过。实际上这是限定了范围的选择，虽然表面看起来选择面很广。那扇门即所谓的"霍布森之门"。

那么，"霍布森之门"与创新思维有关联吗？

当然有。

因为我们的头脑中都存在一个或大或小的"霍布森之门"。它就是我们对事物的固有判断。

在工作与生活中，我们常会遇到这样的情况，一方面是广泛地学习和接受新事物，也决定从中选择一些好的方向或建议，但最终都通不过一些固有的观念所造成的小门，只不过这扇门存在于自己的心中，不易被我们察觉。而正是这扇小门，成了我们迈向成功的障碍，甚至会使我们丧失解决问题的自信。

就像在我们的固有的观念中，推销一把斧子给当今美国总统简直是天方夜谭。但一位名叫乔治·赫伯特的推销员却成功地做到了。

布鲁金斯学会得知乔治把斧子推销给了当时的美国总统这一消息，立即把刻有"最伟大推销员"的一只金靴子赠予了他。这是自1975年以来，该学会的一名学员成功地把一台微型录音机卖给尼克松后，又一学员登上如此高的门槛。

布鲁金斯学会以培养世界上最杰出的推销员著称于世。它有一个传统，在每期学员毕业时，设计一道最能体现推销员能力的实习题，让学生去完成。克林顿当政期间，他们出了这么一个题目：请把一条三角裤推销给现任总统。8年间，有无数个学员为此绞尽脑汁，可是最后都无功而返。克林顿卸任后，布鲁金斯学会把题目换成：请把一把斧子推销给小布什总统。

鉴于前8年的失败与教训，许多学员知难而退，个别学员甚至认为，这道毕业实习题会和克林顿当政期间一样毫无结果，因为现在的总统什么都不缺少，再说即使缺少，也用不着他亲自购买。即便他亲自购买，也不一定赶上正是你去推销。

然而，乔治·赫伯特却做到了，并且没有花多少工夫。一位记者在采访他的时候，他是这样说的："我认为，把一把斧子推销给小布什总统是完全可能的，因为布什总统在得克萨斯州有一个农场，里面长着许多树。于是我给他写了一封信，说：'有一次，我有幸参观你的农场，发现里面长着许多矢菊树，有

些已经死掉，木质已变得松软。我想，你一定需要一把小斧头，但是从你现在的体质来看，一些新小斧头显然太轻，因此你仍然需要一把不甚锋利的老斧头。现在我这儿正好有一把这样的斧头，很适合砍伐枯树。假若你有兴趣的话，请按这封信所留的信箱，给予回复……'最后他就给我汇来了 15 美元。"

事后，很多人发出感叹：啊，原来这么简单！可为什么那些人没有去尝试呢？因为他们头脑中已经有了一道"霍布森之门"，除了"向总统推销东西不可能成功"这一观念外，没有任何观念能够通过这道门。这道门，已经封锁了他们的前进之路。

"霍布森之门"在企业创新中的影响也极为显著。有的企业准备上一个新项目，经多方论证后，已经没有什么问题了，最后却因为决策者的保守观念而放弃。

2004 年底，IBM 公司宣布将把个人电脑部门出售给联想的时候，很多人就觉得不可思议。IBM 出售个人电脑部门的原因很复杂，但从全球计算机行业的发展来看，个人电脑业务已经过了高速增长的阶段，难以再像以前那样创造高额的利润。所以 IBM 计划把未来的

发展战略进一步向纵深发展，涉足技术服务、咨询业务、软件业务、大型计算机网络和互联网等领域，这些领域远远比个人电脑业务更有利润可图。尽管大家都知道 IBM 出售个人电脑业务是出于发展战略调整的需要，但在很多人眼中，IBM 就是曾经的电脑代名词，觉得卖掉起家时的支柱在情感上难以接受。

既然是一桩合情合理的生意，为什么不能做？可见，我们在心中对一个企业的所谓定位就是一扇"霍布森之门"，纵有再多的创新想法，在遇到这些前提或限定的时候，也只能让位于情感上的保守。

要培养自己的创新思维，就必须找出我们心中的那扇"霍布森之门"，并鼓起勇气拆掉它。这样，你才能敢于放手去做你想做的事情，去开拓更加广阔的天地，进行更加丰富的选择。

突破"路径依赖"

我们都知道现代铁路两条铁轨之间的距离是固定的，无论哪个国家、哪个地区，这一数值都是 4 英尺又 8.5 英寸（1.435 米）。也许你会对这个标准感到费解，为什么不是整数呢？这就要从铁路的创建说起了。

早期的铁路是由建电车的人所设计的，而 4 英尺又 8.5 英寸正是电车所用的轮距标准。那电车的轮距标准又是从何而来的呢？这是因为最先造电车的人以前是造马车的，所以电车的标准是沿用马车的轮距标准。马车又为什么要用这个轮距标准

思维影响人生
——用黄金思维解决生活难题

呢？这是因为英国马路辙迹的宽度是 4 英尺又 8.5 英寸，所以如果马车用其他轮距，它的轮子很快会在英国的老路上撞坏。原来，整个欧洲，包括英国的长途老路都是由罗马人为其军队所铺设的，而 4 英尺又 8.5 英寸正是罗马战车的宽度。罗马人以 4 英尺又 8.5 英寸为战车的轮距宽度的原因很简单，这是牵引一辆战车的两匹马屁股的宽度。

马屁股的宽度决定了现代铁轨的宽度，也许你会觉得有几分可笑，但事实就是如此。这一系列的演进过程，也十分形象地反映了路径依赖的形成和发展过程。

"路径依赖"这个名词，是美国斯坦福大学教授保罗·戴维在《技术选择、创新和经济增长》一书中首次提出的。最初出现在制度变迁中，由于存在自我强化的机制，这种机制使得制度变迁一旦走上某一路径，它的既定方向在以后的发展中将得到强化。

路径依赖也反映了我们思路的演变轨迹，思维会受既定的标准所限制，而难以有所突破。这种现象在生活中也是普遍存在的。

春秋时期的一天，齐桓公在管仲的陪同下，来到马棚视察。他一见养马人就关心地询问："马棚里的大小诸事，你觉得哪一件事最难？"养马人一时难以回答。这时，在一旁的管仲代他回答道："从前我也当过马夫，依我之见，编排用于拦马的栅栏这件事最难。"齐桓公奇怪地问道："为什么呢？"管仲说道：

"因为在编栅栏时所用的木料往往曲直混杂。你若想让所选的木料用起来顺手，使编排的栅栏整齐美观、结实耐用，开始的选料就显得极其重要。如果你在下第一根桩时用了弯曲的木料，随后你就得顺势将弯曲的木料用到底，笔直的木料就难以启用。反之，如果一开始就选用笔直的木料，继之必然是直木接直木，曲木也就用不上了。"

管仲虽然不知道"路径依赖"这个理论，却已经在运用这个理念来说明问题了。他表面上讲的是编栅栏建马棚的事，但其用意是在讲述治理国家和用人的道理。如果从一开始就作出了错误的选择，那么后来就只能是将错就错，很难纠正过来。由此可见"路径依赖"的可怕，如果最初的思路是错误的，也就难以得到正确的结果了。

我们在生活中、工作中常常会遇到"路径依赖"的现象，使思维陷入对传统观念的依赖中。这种依赖是创新路上的一块绊脚石，要想有所创新，就要努力突破"路径依赖"，开辟一条新的路径，像下面故事中的 B 公司销售人员一样。

A 公司和 B 公司都是生产鞋的，为了寻找更多的市场，两个公司都往世界各地派了很多销售人员。这些销售人员不辞辛苦，千方百计地搜集人们对鞋的各种需求信息，并不断地把这些信息反馈给公司。

有一天，A 公司听说在赤道附近有一个岛，岛上住着许多居民。A 公司想在那里开拓市场，于是派销售人员到岛上了解

思维影响人生
——用黄金思维解决生活难题

情况。很快，B公司也听说了这件事情，他们唯恐A公司独占市场，也赶紧把销售人员派到了岛上。

两位销售人员几乎同时登上海岛，他们发现海岛相当封闭，岛上的人与大陆没有来往，他们祖祖辈辈靠打鱼为生。他们还发现岛上的人衣着简朴，几乎全是赤脚，只有那些在礁石上采拾海蛎子的人为了避免礁石硌脚，才在脚上绑上海草。

两位销售人员一到海岛，立即引起了当地人的注意。他们注视着陌生的客人，议论纷纷。最让岛上人感到惊奇的就是客人脚上穿的鞋子，岛上人不知道鞋子为何物，便把它叫作脚套。他们从心里感到纳闷：把一个"脚套"套在脚上，不难受吗？

A公司的销售人员看到这种状况，心里凉了半截，他想，这里的人没有穿鞋的习惯，怎么可能建立鞋的市场？向不穿鞋的人销售鞋，不等于向盲人销售画册、向失聪者销售收音机吗？他二话没说，立即乘船离开海岛，返回了公司。他在写给公司的报告上说："那里没有人穿鞋，根本不可能建立起鞋的市场。"

与A公司销售人员的情况相反，B公司的销售人员看到这种状况时心花怒放，他觉得这里是极好的市场，因为没有人穿鞋，所以鞋的销售潜力一定很大。他留在岛上，与岛上人交上了朋友。

B公司的销售人员在岛上住了很多天，他挨家挨户做宣传，告诉岛上人穿鞋的好处，并亲自示范，努力改变岛上人赤脚的习惯。同时，他还把带去的样品送给了部分居民。这些居民穿上鞋后感到松软舒适，走在路上他们再也不用担心扎脚了。这些首次穿上了鞋的人也向同伴们宣传穿鞋的好处。

这位有心的销售人员还了解到，岛上居民由于长年不穿鞋的缘故，与普通人的脚形有一些区别，他还了解了他们生产和生活的特点，然后向公司写了一份详细的报告。公司根据这些报告，制作了一大批适合岛上人穿的鞋，这些鞋很快便销售一空。不久，公司又制作了第二批、第三批……B公司终于在岛上建立了皮鞋市场，狠狠赚了一笔。

按照传统路径，海岛上的居民不穿鞋子，鞋子又怎会在这里有市场呢？然而，B公司的销售人员却突破了对这一路径的依赖，用创新的方法使居民认识到穿鞋的好处，就这样，轻而易举地打开了一个新的市场。

"路径依赖"理论不仅为我们显现了禁锢思想的原因，同时也提出了解除这种禁锢的方法，那就是从源头上突破对某一种观点或规范的依赖，尝试用一种全新的方法，走一条全新的道路。尝试为创新思维开辟一片发展的空间，在这片自由的天空下，将创造力发挥到极致，取得生活与事业的双丰收。

超越一切常规

谁也不能揪着自己的头发离开地面，唯有一种突破常规的超越力量，唯有基于解放思想束缚后所产生的巨大能量释放，才能有柳暗花明的惊喜和峰回路转的开阔。

思维影响人生
——用黄金思维解决生活难题

培养创新思维，首先就要做好思想上的准备——敢于超越常规，超越传统，不被任何条条框框所束缚，不被任何经验习惯所制约。只有这样，才能有更宽广的思绪与触觉。

1813年，曾以成功进行人工合成尿素实验而享誉世界的德国著名化学家维勒，收到老师贝里齐乌斯教授寄给他的一封信。

信是这样写的：

从前，一个名叫钒娜蒂丝的既美丽又温柔的女神住在遥远的北方。她究竟在那里住了多久，没有人知道。

突然有一天，钒娜蒂丝听到了敲门声。这位一向喜欢幽静的女神，一时懒得起身开门，心想，等他再敲门时再开吧。谁知等了好长时间仍听不见动静，女神感到非常奇怪，往窗外一看：原来是维勒。女神望着维勒渐渐远去的背影，叹气道：这人也真是的，从窗户往里看看不就知道有人在，不就可以进来了吗？就让他白跑一趟吧。

过了几天，女神又听到敲门声，依旧没有开门。

门外的人继续敲。

这位名叫肖夫斯唐姆的客人非常有耐心，直到那位漂亮可爱的女神打开门为止。

女神和他一见倾心，婚后生了个儿子叫"钒"。

维勒读罢老师的信，唯一能做的就是一脸苦笑地摇了摇头。

原来，在1830年，维勒研究墨西哥出产的一种褐色矿石时，发现一些五彩斑斓的金属化合物，它的一些特征和以前发现的化学元素"铬"非常相似。对于铬，维勒见得多了，当时觉得没有什么与众不同的，就没有深入研究下去。

一年后，瑞典化学家肖夫斯唐姆在本国的矿石中，也发现了类似"铬"的金属化合物。他并不是像维勒那样把它扔在一边，而是经过无数次实验，证实了这是前人从没发现的新元素——钒。

维勒因一时疏忽而把一个大好时机拱手让给了别人。

种种习惯与常规随时间的沉淀，会演变成一种定式、枷锁，阻碍人们的突破和超越。生活中常规的层层禁锢所产生的连锁效应不止于此，我们要做的工作就是打破一切规则，只有敢于超越，才能有所创造。

现在市场上的罐装饮料，很重要的一种是茶饮料。罐装茶饮料始于罐装乌龙茶，它的开发者是日本的本庄正则。

千百年来，人们习惯于用开水在茶壶中泡茶，用茶杯等茶具饮茶，或是品尝，或是社交，或是寓情于茶。而易拉罐茶饮料则是提供凉茶水，作用是解渴、促进消化、满足人体的种种需求。将凉茶水装罐出售是违反常识的，它抛开了茶文化的重要内涵，取其"解渴、促进消化"的功能。将乌龙茶开发成罐装饮料的成功创意，产生了经营上"出奇制胜"的效果。在公司经营上，这种看似违反常规的行为，实则是一种不错的经营之道。

本庄正则从 20 世纪 60 年代中期开始涉足茶叶流通业，他

思维影响人生
——用黄金思维解决生活难题

购买了一个古老的茶叶商号——伊藤园，并把它作为自己公司的名称。

伊藤园发展成茶叶流通业第一大公司，本庄正则投资建设了茶叶加工厂，把公司的业务从销售扩大到加工。1977年，伊藤园开始试销中国乌龙茶，并在短时间内获得畅销。但到了20世纪80年代，乌龙茶的销售达到了巅峰并开始出现降温倾向。

在这种情况下，本庄正则必须思变，否则事业将遭受沉重的打击。乌龙茶不好销了，茶叶的新商机在哪里呢？

早在20世纪70年代初茶叶风靡日本时，本庄正则就萌生了开发罐装茶的创意，但当时的技术人员遭遇到了"不喝隔夜茶"这一拦路虎，因为茶水长时期放置会发生氧化、变质现象，不再适宜饮用。因此，罐装乌龙茶的创意暂时不可能实现。

要使罐装乌龙茶具有商机，必须攻克茶水氧化的难关，从创造的角度上讲，这也是主攻方向。

于是，本庄正则重金聘请科研人员研究防止茶水氧化的课题。时隔一年，防止氧化的难题解决了，本庄正则当机立断开发罐装乌龙茶。

在讨论这项计划时，12名公司董事中有10名表示反对，因为把凉茶水装罐出售是违反常识的。然而，长期销售茶叶的经验告诉本庄正则，每到盛夏季节，茶叶销量就会剧减，而各种清凉饮料的销量则猛增。他坚信，如果在夏季推出易拉罐乌龙茶清凉饮料，一定会大有市场。在本庄正则的坚持下，伊藤园开发的易拉罐乌龙茶清凉饮料于1988 年夏季首次上市，大受消费者欢迎。乌龙茶销售又再现高潮，而且经久不衰，直到今天。

试想，如果不是本庄正则有超越常规的创新思维，敢于不按常理出牌，也就不会有乌龙茶销售的再一次热潮，更不会有茶饮料丰富样式的出现。

这也说明了，进行创新性活动切不可把创造的方向确定在某一样式上，而应不拘一格，超越常规，这样才能出奇制胜，开创佳绩。

培养创新思维就要敢为天下先

谈到创新思维，人们会格外关注这个"新"字。既是创新，就应该有一些新想法、新举动，哪怕这是前人所不曾有的意念与行为。善于运用创新思维的人要有"吃第一只螃蟹"的勇气，有"敢为天下先"的魄力。

尤伯罗斯就是这样一位"敢为天下先"的创新思维运用者。

1984 年以前的奥运会主办国，几乎是"指定"的。对举办国而言，往往是喜忧参半。能举办奥运会，自然是国家民族的荣誉，也可以乘机宣传本国形象，但是以新场馆建设为主的巨大硬件软件的投入，又将使政府负担巨大的财政赤字。1976 年加拿大主办蒙特利尔奥运会，亏损 10 亿美元，预计这一巨额

债务到 2003 年才能还清；1980 年，苏联莫斯科奥运会总支出达 90 亿美元，具体债务更是一个天文数字。奥运会几乎成了为"国家民族利益"而举办，赔老本已成奥运会定律。

直到 1984 年的洛杉矶奥运会，美国商界奇才尤伯罗斯接手主办奥运，他运用其超人的创新思维，改写了奥运经济的历史，不仅首度创下了奥运史上第一笔巨额赢利纪录，更重要的是建立了一套"奥运经济学"模式，为以后的主办城市如何运作提供了样板。从那以后，争办奥运者如过江之鲫。因为名利双收是铁定的。

寻求创新，首先是从政府开始的。鉴于其他国家举办奥运会的亏损情况，洛杉矶市政府在得到主办权后即作出一项史无前例的决议：第 23 届奥运会不动用任何公用基金。因此而开创了民办奥运会的先河。

尤伯罗斯接手奥运之后，发现组委会竟连一家皮包公司都不如，没有秘书、没有电话、没有办公室，甚至连一个账号都没有。一切都得从零开始，尤伯罗斯决定破釜沉舟。他以 1060 万美元的价格将自己旅游公司的股份卖掉，开始招募雇佣人员，然后以一种前无古人的创新思维定了乾坤：把奥运会商业化，进行市场运作。

于是一场轰轰烈烈的"革命"就此展开。洛杉矶市长不无夸耀地评价说："尤伯罗斯正在领导着第二次世界大战以来最大的运动。"

第一步，开源节流。

尤伯罗斯认为，自 1932 年洛杉矶奥运会以来，规模大、虚浮、奢华和浪费已成为时尚。他决定想尽一切办法节省不必要的开支。首先，他本人以身作则不领薪水，在这种精神的感召下，有数万名工作人员甘当义工；其次，沿用洛杉矶既有的体育场；再次，把当地 3 所大学的宿舍作为奥运村。仅后两项措施就节约了数十亿美元。点点滴滴都体现其创新思维的功力与胆识。

第二步，声势浩大的"圣火传递"活动。

奥运圣火在希腊点燃后，在美国举行横贯美国本土 15 万千米的圣火接力。用捐款的办法，谁出钱谁就可以举着火炬跑上一程。全程圣火传递权以每千米 3000 美元出售，15 万千米共售得 4500 万美元。尤伯罗斯实际上是在拍卖百年奥运的历史、荣誉等巨大的无形资产。

第三步，狠抓赞助、转播和门票三大主营收入。

尤伯罗斯出人意料地提出，赞助金额不得低于 500 万美元，而且不许在场地内包括其空中做商业广告。这些苛刻的条件反而刺激了赞助商的热情。一家公司急于加入赞助，甚至还没弄清所赞助的室内赛车比赛程序如何，就匆匆签字。尤伯罗斯最终从 150 家赞助商中选定 30 家。此举共筹到 117 亿美元。

最大的收益来自独家电视转播权转让。尤伯罗斯采取美国三大电视网竞投的方式，结果，美国广播公司以 225 亿美元夺得电视转播权。尤伯罗斯又首次打破奥运会广播电台免费转播比赛的惯例，以7000万美元把广播转播权卖给美国、欧洲及澳大利亚的广播公司。

门票收入，通过强大的广告宣传和新闻炒作，也取得了历史上的最高水平。

第四步，出售以本届奥运会吉祥物山姆鹰为主的标志及相关纪念品。

结果，在短短的十几天内，第23届奥运会总支出511亿美元，赢利25亿美元，是原计划的10倍。尤伯罗斯本人也得到475万美元的红利。在闭幕式上，国际奥委会主席萨马兰奇向

尤伯罗斯颁发了一枚特别的金牌，报界称此为"本届奥运会最大的一枚金牌"。

尤伯罗斯的举措体现了几方面的突破：一是改变了奥运会由举办国政府买单的惯例，将奥运会转为商业化运作；二是与商业界、广播电台等打造了双赢的局面；三是开发了奥运会附属商品，如纪念品等。而这些，在历届奥运会的举办历史上都是不曾有的。

尤伯罗斯以创新的思维实现了对旧模式的突破。而创新又无一例外地是建立在打破旧观念、旧传统、旧思维、旧模式的基础之上的。只有跳出传统的思维束缚圈，敢于想别人没有想过、做别人没有做过的事情，才能开拓自己的思路，创新自己的方法，找到解决问题的最佳途径。尤伯罗斯做到了这一点，他无疑是一个成功者。

新的事物永远是有活力的，创新思维就是要为自己的发展寻求并注入活力，培养创新思维就要敢为天下先，要敢于走别人没走过的路，要敢于在竞争中拼抢先机。唐朝杨巨源有诗："诗家清景在新春，绿柳才黄半未匀。若待上林花似锦，出门俱是看花人。"在此借来一用。如果做不到巧妙运用创新思维，做不到不断创新，总是跟在别人屁股后面跑，那么，你就只能去做那"看花人"，去欣赏别人栽种出的"上林花"了。

第二章

发散思维——一个问题有多种答案

正确答案并不是只有一个

曾有这样一则故事，一位老师要为一个学生答的一道物理题打零分，而他的学生则声称他应得满分，双方争执不下，便请校长来做仲裁人。

试题是："试证明怎样利用一个气压计测定一栋楼的高度。"

学生的答案是："把气压计拿到高楼顶部，用一根长绳子系住气压计，然后把气压计从楼顶向楼下坠，直到坠到街面为止，然后把气压计拉上楼顶，测量绳子放下的长度，这长度即为楼的高度。"

这是一个有趣的答案，但是这学生应该获得称赞吗？校长知道，一方面这位学生应该得到高度评价，因为他的答案完全正确。另一方面，如果高度评价这个学生，就可以为他的物理课程的考试打高分；而高分就证明这个学生知道一些物理知识，但他的回答又不能证明这一点……

校长让这个学生用 6 分钟回答同一个问题，但必须在回答

思维影响人生
——用黄金思维解决生活难题

中表现出他懂一些物理知识……在最后一分钟里，他赶忙写出他的答案，它们是：把气压计拿到楼顶，让它斜靠在屋顶边缘，让气压计从屋顶落下，用秒表记下它落下的时间，然后用落下时间中经过的距离等于重力加速度乘下落时间平方的一半算出建筑高度。

看了这个答案之后，校长问那位老师是否让步。老师让步了，于是校长给了这个学生几乎是最高的评价。正当校长准备离开办公室时，他记得那位学生说他还有另一个答案，于是校长问他是什么样的答案。学生回答说："啊，利用气压计测出一个建筑物的高度有许多办法，例如，你可以在有太阳的日子记下楼顶上气压计的高度及影子的长度，再测出建筑物影子的长度，就可以利用简单的比例关系，算出建筑物的高度。"

"很好，"校长说，"还有什么答案？"

"有啊，"那个学生说，"还有一个你会喜欢的最基本的测量方法。你拿那气压计，从一楼登梯而上，当你登梯时，用符号标出气压计上的水银高度，这样你可利用气压计的单位得到这栋楼的高度。这个办法最直接。"

"当然，如果你还想得到更精确的答案，你可以用一根线的一段系住气压计，把它像一个摆那样摆动，然后测出街面 g 值和楼顶的。从两个 g 值之差，在原则上就可以算出楼顶高度。"最后他又说，"如果不限制我用物理方法回答这个问题，还有许多方法。例如，你拿上气压计走到楼底层，敲管理员的门。当管理员应声时，你对他说下面一句话，'管理员先生，我有一个很漂亮的气压计。如果你告诉我这栋楼的高度，我将我的这个气压计送给您……'"

读完这个故事，我们被这个学生的智慧折服了。再静下来想一想，又会感叹："为什么人们总觉得只有一个正确答案呢？"

几乎从启蒙那天开始，社会、家庭和学校便开始向我们灌输这样的思想：每个问题只有一个答案；不要标新立异；这是规矩；那是白日做梦；等等。

当然，就做人的行为准则而言，遵循一定的道德规范是对的，正所谓没有规矩，不成方圆。然而，对于思维方法的培养，制定唯一的准则这一做法是万万要不得的。

如果对思维进行约束，则只能看到事物或现象的一个或少数几个方面；在思考问题时，我们也往往认为找到一个答案就万事大吉了，不愿意或根本想不到去寻找第二种，乃至更多的解决方案，因而难以产生大的突破。

从曲别针的用途想到的

一个曲别针（回形针）究竟有多少种用途？你能说出几种？十种、几十种，还是几百种？

思维影响人生
——用黄金思维解决生活难题

也许你会说一个曲别针不可能有如此多的用途，那么，这只能说明你的思维不够开阔、不够发散。下面这个关于曲别针的故事告诉你的不只是曲别针的用途，更是一种思维方法。

在一次有许多中外学者参加的如何开发创造力的研讨会上，日本一位创造力研究专家应邀出席了这次研讨活动。

面对这些创造性思维能力很强的学者同仁，风度翩翩的村上幸雄捧来一把曲别针，说道："请诸位朋友动一动脑筋，打破框框，看谁能说出这些曲别针的更多种用途，看谁创造性思维开发得好、多而奇特！"

片刻，一些代表踊跃回答：

"曲别针可以别相片，可以用来夹稿件、讲义。"

"纽扣掉了，可以用曲别针临时钩起……"

七嘴八舌，大约说了十多种，其中较奇特的是把曲别针磨成鱼钩，引来一阵笑声。

村上对大家在不长时间内讲出 10 多种曲别针的用途，很是称道。

人们问："村上您能讲多少种？"

村上一笑，伸出 3 个指头。

"30 种？"村上摇头。

"300 种？"村上点头。

人们惊异，不由得佩服这人聪慧敏捷的思维。也有人怀疑。

村上紧了紧领带，扫视了一眼台下那些透着不信任的眼睛，用幻灯片映出了曲别针的用途……这时，中国的一位以"思维魔王"著称的怪才许国泰向台上递了一张纸条。

"对于曲别针的用途，我能说出 3000 种，甚至 3 万种！"

邻座对他侧目："吹牛不罚款，真狂！"

第二天上午 11 点，他"揭榜应战"，走上了讲台，他拿着一支粉笔，在黑板上写了一行字：村上幸雄曲别针用途求解。原先不以为然的听众一下子被吸引过来了。

"昨天，大家和村上讲的用途可用 4 个字概括，这就是钩、挂、别、联。要启发思路，使思维突破这种格局，最好的办法是借助简单的形式思维工具——信息标与信息反应场。"

他把曲别针的总体信息分解成重量、体积、长度、截面、弹性、直线、银白色等 10 多个要素。再把这些要素，用根标线连接起来，形成一根信息标。然后，再把与曲别针有关的人类实践活动要素相分析，连成信息标，最后形成信息反应场。这时，现代思维之光，射入了这枚平常的曲别针，它马上变成了孙悟空手中神奇变幻的金箍棒。他从容地将信息反应场的坐标，不停地组切交合。

通过两轴推出一系列曲别针在数学中的用途，如，曲别针分别做成 1、2、3、4、5、6、7、8、9、0，再做成 +−×÷ 的符号，用来进行四则运算，运算出数量，就有 1000 万、1 亿……在音乐上可创作曲谱；曲别针可做成英、俄、希腊等外文字母，用来进行拼读；曲别针可以与硫酸反应生成氢气；可以用曲别针

思维影响人生
——用黄金思维解决生活难题

做指南针；可以把曲别针串起来导电；曲别针是铁元素构成，铁与铜化合是青铜，铁与不同比例的几十种金属元素分别化合，生成的化合物则是成千上万种……实际上，曲别针的用途，几乎近于无穷！他在台上讲着，台下一片寂静。与会的人们被"思维魔王"深深地吸引着。

许国泰运用的方法就是发散思维法。

发散思维的概念，是美国心理学家吉尔福特在1950年以《创造力》为题的演讲中首先提出的，半个多世纪以来，引起了普遍重视，促进了创造性思维的研究工作。发散思维又称求异思维、扩散思维、辐射思维等，它是一种从不同的方向、不同的途径和不同的角度去设想的展开型思考方法，是从同一来源材料、从一个思维出发点探求多种不同答案的思维过程，它能使人产生大量的创造性设想，摆脱习惯性思维的束缚，使人的思维趋于灵活多样。

发散思维要求人的思维向四方扩散，无拘无束，海阔天空，甚至异想天开。通过思维的发散，要求打破原有的思维格局，提供新的结构、新的点子、新的思路、新的发现、新的创造，提供一切新的东西，特别是对于创造者可提供一种全新的思考方式。

许多发明创造者都是借助于发散思维获得成功的。可以说多数的科学家、思想家和艺术家的一生都十分注意运用发散思维进行思考。许多优秀的中学生，在学习活动中也很重视发散思维的学习运用，因此获得了较佳的学习效果。

　　具有发散思维的人，在观察一个事物时，往往通过联想与想象，将思路扩展开来，而不仅仅局限于事物本身，也就常常能够发现别人发现不了的事物与规律。

在与人交流中碰撞出智慧

　　智慧与智慧交换，能得到更多、更有效的智慧，与他人交换想法，你会从中获得意想不到的启发，这也是有效利用发散思维的一种表现。

　　一位发明家曾经讲过这样一个故事：

　　有一家工厂的冲床因为操作不慎经常发生事故，以至于多名操作工手指致残。为了解决这一问题，技术人员设计了许多

思维影响人生
——用黄金思维解决生活难题

方案，就是要让冲床在操作工的手接近冲头时自动停车。他们先后采用红外线超声波、电磁波构成的许多复杂的检测控制系统，都因为成本高或性能不可靠等原因而放弃了。

正当技术人员一筹莫展时，这位发明家想到了交流，便带着自己的想法和工人们一块儿讨论，大家七嘴八舌，你一个点子，我一个想法，围绕避免事故这一中心，大家的建议就像放射性的线一样，射向四面八方，每一条线就是一种不同的方法。讨论了半天，最终确定了一个方案：让工人坐在椅子上操作，在椅子两边扶手上各装一个开关，只有它们同时接通时，冲床才能启动。

操作工两手都在按开关，怎么会发生事故呢？

这样一来，交换一下想法，在发散性的建议中得出最佳的方案，原本看似复杂的问题也得到了有效的解决。

杨振宁说过，当代科学研究，不仅要充分挖掘个人智慧，而且还要积极倡导一种团队智慧，各学科、各门类的人才坐在一起，实行智慧的大融合、大交流、大碰撞，才能实现团队智慧成果的最优化。他的这番话可谓一针见血。美国的硅谷聚集了很多高科技企业、科技精英，大家"扎堆"的目的就是近距离地搭建一个交流平台，在信息大融合中，实现信息共享、智慧共享。

许多人都知道库仑定律。据说库仑早年是巴黎的一位中学教师，对电荷之间的相互作用力很感兴趣，想找出它们的规律，但苦于无法测量这种微小的力。法国大革命时期，库仑为求安宁去乡下暂住，对农家的纺车又发生了兴趣，看着用棉花纺的细细的纱线，觉得妙不可言。他随手抽断一根刚纺成的纱线，拿到眼前细看，注意到纱的接头总是向相反的方向卷曲，拧得越紧，反卷的圈数就越多。库仑便和纺纱的农妇交谈起来。

一位科学家和一位农妇的交谈随即引发了一个划时代的发现。

与农妇的交谈使库仑的思维更加发散，针对纱线卷曲的问题，库仑进行了多方面的设想。最后，他终于意识到，根据纱线卷曲的程度可以度量扭力的大小，可以用同样的原理来测量电荷之间的作用力。不久，库仑回到巴黎，做出了一支利用细丝扭转角度测量力矩的极为灵敏的秤，精确测量了电荷的相互作用力与距离和电量的关系，发现了成为电学重要基础的库仑定律。

科学家与普通人之间的差别，比人们想象的要小得多，两者的交流，只有行业和性质的差别。事实证明，不同行业的交流具有极大的互补性，促使思维可以向更多的方向发散，得到更多的创见，以利于问题的解决。

每个人都需要与他人进行交流，一个人自锁书城，两豆塞耳，必然孤陋寡闻，难以超越。你有一个水果，我有一个水果，交换后仍旧是一人一个。但是人的想法却不是如此，你有一个想法，我有一个想法，交换后每人至少有两个想法，由此还会衍生出许许多多的想法。这也是启发发散思维的好方法。

现在我们常说的"头脑风暴"就是大家在一起，就一个问题各抒己见，思想碰撞的一种方法。

当一群人围绕一个特定的领域产生新观点的时候，这种情境就叫作"头脑风暴"。由于会议使用了没有拘束的规则，人们就能够更自由地思考，进入思想的新区域，从而围绕一个中心点发散性地产生很多的新观点和解决方法。当参加者有了新观点和想法时，他们就大声说出来，然后在他人提出的观点之上建立新观点。所有的观点被记录下来但不进行评估，只有头脑风暴会议结束的时候，才对这些观点和想法进行评估。

那么你就清楚了，头脑风暴会帮助你提出新的观点。你不但可以提出新观点，而且你将只需付出很少的努力。头脑风暴是个"尝试—检测"的过程。头脑风暴中应用什么技巧取决于你欲达到的目的。你可以应用它们来解决工作中的问题，也可以应用它们来发展你的个人生活。

如果你遵循头脑风暴的规则，那么你的个人风格无论是什么样，头脑风暴也会奏效。很自然，某些技巧和环境对一些人更适合，但是头脑风暴足够柔性化，能够适合每个人。

心有多大，舞台就有多大

有这样一则寓言：一条鱼从小在一个小鱼缸中长大，它的心情并不好，因为它觉得鱼缸太小了，游了一会儿就到头了。随着小鱼慢慢长大，鱼缸已经显得太小了，主人便为它换了一个稍大些的鱼缸。

鱼刚刚高兴了几天，又不满意了，因为没游多会儿还是碰到了鱼缸壁。最后，主人将它放回了大海，但鱼仍然高兴不起来。因为它再也游不到"鱼缸"的边缘了，它感到很没有成就感。

我们说，心有多大，舞台就有多大。小鱼的心已经被鱼缸限制了，在大舞台上也就无法顺畅舒展了。同理，我们的思维被局限时，也很难发挥出全部的能量。

而如果我们的思维能够向四面八方辐射性地发散，我们分析问题、解决问题的能力也会有一个大的提升，供我们展示才华的舞台也就会变大。

发散思维的要旨就是要学会朝四面八方想。就像旋转喷头一样，朝各个方向进行立体式的发散思考。

这首先要确定一个出发点，即先要有一个辐射源。怎样从一个辐射源出发向四面八方扩散，下面提供几种方法：

（1）结构发散，是以某种事物的结构为发散点，朝四面八方想，以此设想出利用该结构的各种可能性。

（2）功能发散，是以某种事物的功能为发散点，朝四面八方想，以此设想出获得该功能的各种可能性。

（3）形态发散，是以事物的形态（如颜色、形状、声音、味道、明暗等）为发散点，朝四面八方想，以此设想出利用某种形态的各种可能性。

思维影响人生
——用黄金思维解决生活难题

（4）组合发散，是从某一事物出发，朝四面八方想，以此尽可能多地设想与另一事物（或一些事情）联结成具有新价值（或附加价值）的新事物的各种可能性。

（5）方法发散，是以人们解决问题的结果作为发散点，朝四面八方想，推测造成此结果的各种原因；或以某个事物发展的起因为发散点，朝四面八方想，以此推测可能发生的各种结果。

善于运用发散思维的人，常常具有别人难以比拟的"非常规"想法，能取得非同一般的解决问题的效果。艾柯卡就是一个典型的例子。

美国福特汽车公司是美国最早、最大的汽车公司之一。1956年，该公司推出了一款新车。这款汽车式样、功能都很好，价钱也不贵，但是很奇怪，竟然销路平平，和当初设想的完全相反。

公司的经理们急得就像热锅上的蚂蚁，但绞尽脑汁也找不到让产品畅销的办法。这时，在福特汽车销售量居全国末位的费城地区，一位毕业不久的大学生，对这款新车产生了浓厚的兴趣，他就是艾柯卡。

艾柯卡当时是福特汽车公司的一位见习工程师，本来与汽车的销售毫无关系。但是，公司老总因为这款新车滞销而着急的神情，却深深地印在他的脑海里。

他开始琢磨：我能不能想办法让这款汽车畅销起来？终于

有一天，他灵光一闪，于是径直来到经理办公室，向经理提出了一个创意，在报上登广告，内容为："花56美元买一辆56型福特。"

这个创意的具体做法是：谁想买一辆1956年生产的福特汽车，只需先付20%的货款，余下部分可按每月付56美元的办法逐步付清。

他的建议得到了采纳。结果，这一办法十分灵验，"花56美元买一辆56型福特"的广告人人皆知。

"花56美元买一辆56型福特"的做法，不但打消了很多人对车价的顾虑，还给人创造了"每个月才花56美元，实在是太合算了"的印象。

奇迹就在这样一句简单的广告词中产生了：短短3个月，该款汽车在费城地区的销售量，就从原来的末位一跃而为全国的冠军。

这位年轻工程师的才能很快受到赏识，总部将他调到华盛顿，并委任他为地区经理。

后来，艾柯卡根据公司的发展趋势，推出了一系列富有创意的举措，最终坐上了福特公司总裁的宝座。

善于运用发散思维的人不止艾柯卡，英国小说家毛姆在穷得走投无路的情况下，运用自己的发散思维，想出了一个奇怪的点子，结果居然扭转了颓势。

在成名之前，毛姆的小说无人问津，即使请书商用尽全力

思维影响人生
——用黄金思维解决生活难题

推销，销售的情况也不好。眼看生活就要遇到困难了，他情急之下突发奇想地用剩下的一点钱，在大报上登了一个醒目的征婚启事：

"本人是个年轻有为的百万富翁，喜好音乐和运动。现征求和毛姆小说中女主角完全一样的女性共结连理。"

广告一登，书店里的毛姆小说一扫而空，一时之间"洛阳纸贵"，印刷厂必须赶工才能应付销售热潮。原来看到这个征婚启事的未婚妇女，不论是不是真有意和富翁结婚，都好奇地想了解女主角是什么模样的。而许多年轻男子也想了解一下，到底是什么样的女子能让一个富翁这么着迷，再者也要防止自己的女友去应征。

从此，毛姆的小说销售一帆风顺。

发散思维具有灵活性，具有发散思维的人思路比较开阔，善于随机应变，能够根据具体问题寻找一个巧妙地解决问题的办法，起到出其不意的效果。

培养发散思维，拓展思维的深度与广度，你的思维触角延伸多远，你的人生舞台就展开多大。

从无关之中寻找相关的联系

天底下许多事物，如果你仔细观察它们，就会发现一些共通的道理，这就是事物之间的相关性。我们在解决问题时可以有意识地进行发散思维，把由外部世界观察到的刺激与正在考

虑中的问题建立起联系，使其相合。也就是将多种多样不相关的要素合在一起，以期获得对问题的不同创见。下面我们就来看一个事例。

福特汽车是美国最重要的汽车品牌之一，在全球的销售量也名列前茅。在创立之时，创办人亨利·福特一直思考，要如何大量生产，降低单位成本，并提高在市场上的竞争力。

有一天晚上，亨利·福特对孩子说完三头小猪如何对抗野狼的故事后，突然产生一个想法，他可以去猪肉加工厂看看，或许会有一些新的发现。

他参观了几家猪肉加工厂后，发现里面的作业采用天花板滑车运送肉品的分工方式，每个工人都有固定的工作，自己的部分做完后，将肉品推到下一个关卡继续处理，这样，肉品加工生产效率非常高。

亨利·福特立刻想到，肉品的作业方式也可以运用在汽车制造上。他之后和研发小组设计出一套作业流程，采用输送带的方式运送汽车零件，每个操作人员只要负责装配其中的某一部分，不用像过去那样负责每部车的全部流程。

亨利·福特所采用的分工作业，的确达到了他原先的要求，使得福特汽车成功地提高了全球的市场占有率，同时也变成不同车厂的作业标准。

他山之石，可以攻玉。我们常常可以从一些不相关的事物上获得灵感，这就是一种异中求同的归纳能力。当我们能在看似毫无关联的对象中，找出更多的相通之处，也就代表着我们能发掘更多的创意题材。因为这些相通之处，往往是其他人没有发现的，这也正是我们成功的机会。

猪肉和汽车，看似不具有相关性，但是猪肉加工厂的作业流程，却给了汽车工厂一个很好的工作模板。所以，我们也可以将这种异中求同的技巧运用在生活上。在我们的工作中，除了多观察同行业的做法，其他行业也值得观察和学习。

一位歌手，可以从一位老师身上看到他在讲台上如何表现，这对自己的舞台表演一定会有所帮助。一位清洁人员和一位大企业的董事长，有什么相通的地方？或许我们可以发现，他们都很节省，或者他们的体力都很好。

索尼公司的卯木肇也是一位善于从无关之中寻找相关联系的精英。

20世纪70年代中期，索尼彩电在日本已经很有名气了，但是在美国却不被顾客所接受，因而索尼在美国市场的销售相当惨淡，但索尼公司没有放弃美国市场。后来，卯木肇担任了索尼国际部部长。

上任不久，他被派往芝加哥。当卯木肇风尘仆仆地来到芝加哥时，令他吃惊不已的是，索尼彩电竟然在当地的寄卖商店里蒙满了灰尘，无人问津。

如何才能改变这种既成的印象，改变销售的现状呢？卯木肇陷入了沉思……

思维影响人生
——用黄金思维解决生活难题

一天，他驾车去郊外散心，在归来的路上，他注意到一个牧童正赶着一头大公牛进牛栏，而公牛的脖子上系着一个铃铛，在夕阳的余晖下叮当叮当地响着，一大群牛跟在这头公牛的屁股后面，温驯地鱼贯而入……此情此景令卯木肇一下子茅塞顿开，他一路上吹着口哨，心情格外开朗。想想一群庞然大物居然被一个小孩儿管得服服帖帖的，为什么？还不是因为牧童牵着一头带头牛。

索尼要是能在芝加哥找到这样一只"带头牛"商店来率先销售，岂不是很快就能打开局面？卯木肇为自己找到了打开美国市场的钥匙而兴奋不已。

马歇尔公司是芝加哥市最大的一家电器零售商，卯木肇最先想到了它。为了尽快见到马歇尔公司的总经理，卯木肇第二天很早就去求见，但他递进去的名片却被退了回来，原因是经理不在。

第三天，他特意选了一个估计经理比较闲的时间去求见，但回答却是"外出了"。他第三次登门，经理终于被他的诚心所感动，接见了他，却拒绝卖索尼的产品。经理认为索尼的产品降价拍卖，形象太差。卯木肇非常恭敬地听着经理的意见，并一再表示要立即着手改变商品形象。

回去后，卯木肇立即从寄卖店取回货品，取消削价销售，在当地报纸上重新刊登大面积的广告，重塑索尼形象。

经过卯木肇的不懈努力，他的诚意终于感动了马歇尔公司，索尼彩电终于挤进了芝加哥的"带头牛"商店。随后，进入家电的销售旺季，短短一个月内，竟卖出700多台。索尼和马歇尔双赢利。

有了马歇尔这只"带头牛"开路，芝加哥的100多家商店都对索尼彩电群起而销之，不出3年，索尼彩电在芝加哥的市场占有率达到了30%。

不善于运用发散思维和没有敏感度的人也许很难在"小孩子放牛"与"寻找开拓市场的方法"之间找到什么相关联的因素，就像常人难以想象"猪肉加工"与"汽车制造"有什么相通之处一样。但是，亨利·福特与卯木肇在发散思维的运用方面为我们做了一个榜样。

由此，我们也可以看出，从无关之中找相关需要我们的思维足够灵活，有较强的敏感性，在获取某种外界刺激后能够很快地将该事物与自己所遇到的问题进行联系，这样，不但能有效地解决问题，而且还能取得卓越的成绩。

由特殊的"点"开辟新的方法

擅长发散思维的人往往会撇开众人常用的思路，尝试从多种角度考虑，从他人意想不到的"点"去开辟问题的新解法。所以，在进行发散性的思维训练时，其首要因素便是要找到事物的这个"点"进行扩散。

下面这个故事就是一个巧用特殊"点"的例子。

思维影响人生
——用黄金思维解决生活难题

华若德克是美国实业界的大人物。在他未成名之前，有一次，他带领属下参加在休斯敦举行的美国商品展销会。令他十分懊丧的是，他被分配到一个极为偏僻的角落，而这个角落是绝少有人光顾的。

为他设计摊位布置的装饰工程师劝他干脆放弃这个摊位，因为在这种恶劣的地理条件下，想要展览成功几乎是不可能的。

华若德克沉思良久，觉得自己若放弃这一机会实在是太可惜了。可不可以将这个不好的地理位置通过某种方式化解，使之变成整个展销会的焦点呢？

他想到了自己创业的艰辛，想到了自己受到的展销大会组委会的排斥和冷眼，想到了摊位的偏僻，他的心里突然涌现出非洲的景象，觉得自己就像非洲人一样受着不应有的歧视。他

走到了自己的摊位前，心中充满感慨，灵机一动：既然你们都把我看成非洲难民，那我就扮演一回非洲难民给你们看！于是一个计划应运而生。

华若德克让设计师为他营造了一个宫殿式的氛围，围绕着摊位布满了具有浓郁非洲风情的装饰物，把摊位前的那一条荒凉的大路变成了黄澄澄的沙漠。他安排雇来的人穿上非洲人的服装，并且特地雇用动物园的双峰骆驼来运输货物，此外他还派人定做了大量的气球，准备在展销会上用。

展销会开幕那天，华若德克挥了挥手，顿时展览厅里升起无数的彩色气球，气球升空不久自行爆炸，落下无数的胶片，上面写着："当你拾起这小小的胶片时，亲爱的女士和先生，你的好运就开始了，我们衷心祝贺你。请到华若德克的摊位，接受来自遥远非洲的礼物。"

这无数的碎片洒落在热闹的人群中，于是一传十，十传百，消息越传越广，人们纷纷集聚到这个本来无人问津的摊位前。强烈的人气给华若德克带来了非常可观的生意和潜在商机，而那些黄金地段的摊位反而遭到了人们的冷落。

华若德克为自己找到了一个特殊的"点"，那就是将自己的特殊位置加以利用，赋予新的定位与含义，起到吸引顾客的目的。

发散思维是有独创性的，它表现在思维发生时的某些独到见解与方法，也就是说，对刺激作出非同寻常的反应，具有标

思维影响人生
——用黄金思维解决生活难题

新立异的成分。

比如设计鞋子，常规的设计思路是从鞋子的款式、用料着手，进行各种变化，但万变不离其宗。运用发散思维，则可以从鞋子的功能这一特殊的"点"入手。那么鞋有哪些功能呢？

鞋可以"吃"。当然不是用嘴吃，而是用脚吃。即可以在鞋内加入药物，有利于身体健康。按此思路下去，可开发出多种鞋子。

鞋还可以"说话"。设计一种走路的时候会响起音乐的鞋子一定会受到小孩子的欢迎。

鞋可以"扫地"。设计一种带静电的鞋子，在家里走路的时候，可以把尘土吸到鞋底上，使房间在不经意间变干净。

鞋还可以"指示方向"。在鞋子中安装指南针，调到所选择的方向，当方向发生偏离时，便会发出警报，这对野外考察探险的人来说，是很有用处的。

这就是通过鞋子的功能这个"点"挖掘出来的潜在创意。生活中，我们需要细心地观察，找出这个特殊的"点"，由此展开，便可以收到意想不到的效果。

美国推销奇才吉诺·鲍洛奇的一段经历也向我们证明了这一理念。

一次，一家贮藏水果的冷冻厂起火，等到人们把大火扑灭后，发现有 18 箱香蕉被火烤得有点发黄，皮上满是小黑点。水果店老板便把香蕉交到鲍洛奇的手中，让他降价出售。那时，鲍洛奇的水果摊设在杜鲁茨城最繁华的街道上。

一开始，无论鲍洛奇怎样解释，都没人理会这些"丑陋的家伙"。无奈之下，鲍洛奇认真仔细地检查那些变色香蕉，发现它们不但一点没有变质，而且由于烟熏火烤，吃起来反而别有风味。

第二天，鲍洛奇一大早便开始叫卖："最新进口的阿根廷香蕉，南美风味，全城独此一家，大家快来买呀！"当摊前围拢的一大堆人都举棋不定时，鲍洛奇注意到一位年轻的小姐有点心动了。他立刻殷勤地将一只剥了皮的香蕉送到她手上，说："小姐，请你尝尝，我敢保证，你从来没有尝过这样美味的香蕉。"年轻的小姐一尝，香蕉的风味果然独特，价钱也不贵，而且鲍洛奇还一边卖一边不停地说："只有这几箱了。"于是，人们纷纷购买，18箱香蕉很快销售一空。

从上述案例中我们可以看出，发散思维有着巨大的潜在能量，它通过搜索所有的可能性，激发出一个全新的创意。这个创意重在突破常规，它不怕奇思妙想，也不怕荒诞不经。

沿着可能存在的点尽量向外延伸，或许，一些通过常规思路根本办不成的事，其前景便很有可能柳暗花明、豁然开朗。所以，在你平时的生活中，多多发挥思维的能动性，让它带着你在思维的广阔天地任意驰骋，或许你会看到平日见不到的美妙风景。

第三章

加减思维——解决问题的奥妙就在『加减』中

1+1 > 2 的奥秘

加减思维分为加法思维与减法思维，分别代表了两个方向的思维方式。

加法思维，是将本来不在一起的事物组合在一起，产生创造性的思维方法，通过加法思维，常常会产生 1+1 > 2 的神奇效果。

我们来看下面的例子：

日本的普拉斯公司，是一家专营文具用品的小企业，一直生意冷清。1984 年，公司里一位叫玉村浩美的新职员发现，顾客来店里购买文具，总是一次要买三四种；而在中小学生的书包内，也总是散乱地放着钢笔、铅笔、小刀、橡皮等用品。玉村浩美于是想到，既然如此，为什么不把各种文具组合起来一起出售呢？她把这项创意告诉公司老板。于是，普拉斯公司精心设计了一只盒子，把五六种常用的文具摆进去。结果这种"组合式文具"大受欢迎，不但中小学生喜欢，连机关和企业的办公室人员，以及工程技术人员也纷纷前来购买。尽管这套组合文具的价格比原先单件文具的价格总和高出一倍以上，但依然十分畅销，在一年内就卖了300多万盒，获得了意想不到的利润。

以上案例是较典型的加法思维，它的表现形式有扩展和叠加，并产生了奇妙的效果，就像画龙点睛故事当中那个点睛的神奇一笔，虽然就加那么一小点，其价值一下就倍增了。这种1+1的结果远远大于2，我们或许可以用这种方式来表达它的功用："100+1=1001"，这个"1"就是我们需要添加的那一点东西。

还有一种加法思维是在原有的主体事物中增添新的含义。主体的基本特性不变，但由于新含义的赋予，使其性能更丰富了。

腊月里的北京，着实寒冷。某电影院门口，一对老夫妇守着几筐苹果叫卖着。或许因为怕冷，大家多是匆匆而过，生意十分冷清。不久，一位教授模样的中年人看见这一情形，上前和老夫妇商量了几句，然后走到附近商店买来一些红彩带，并与老夫妇一起，将一大一小每两个苹果扎在一起，高声叫卖道："情侣苹果，两元一对！"年轻的情侣们甚觉新鲜，买者猛增，不一会儿，苹果就卖完了。

日本某公司为了促销它的巧克力，想出了一个绝招。其在当年的情人节推出了"情话巧克力"——在心形的巧克力上写上"你的存在，使我的人生更加有意义"、"我爱你"之类的情话，结果大受情侣们的欢迎，那年的销售额翻了两倍。

在这里，主体不管是苹果或巧克力，由于加上"情侣"或"情话"这一附加意义，当然效果就大不一样了。

将两种或两种以上不同领域的技术思想进行组合，以及将不同的物质产品进行组合的方法也称为加法思维。和主体附加不同，它不是丰满或增强主体的特性，而是直接产生一个新的事物。

1903 年，莱特兄弟发明了第一架飞机之后，各国纷纷研制各种型号的飞机。飞机也被广泛应用于军事领域，有人提出，是否可以将飞机和军舰结合起来，使它发挥更大的威力呢？

于是海军专家设计了两种方案：一是给飞机装上浮桶，使飞机能在海面上起飞和降落；二是将大型军舰改装，设置飞行甲板，使飞机在甲板上起飞和降落。

1910 年，法国实行第一种方案成功，随后，美国一架挂有两个气囊的飞机从改装的轻型巡洋舰上起飞成功，"航空母舰"诞生了。

飞机和军舰本来是两种完全不同的东西，组合在一起的"航空母舰"既不是飞机，也不是普通舰艇，但兼有它们各自的特性，同时，它的战斗力比飞机与普通舰艇的战斗力要大得多。

由此我们也可以看出，加法思维并非对事物的简单合并，

思维影响人生
——用黄金思维解决生活难题

而是具有创造性的组合。在加法思维中，事物表现出了更深层的含义和价值，巧妙地运用加法思维，你将会得到意想不到的收获。

因为减少而丰富

在减法思维下，如果要研究的对象是一块"难啃的骨头"，那么不要紧，将其一部分一部分地进行研究，分开而"食"就行了。

派克原来是一个销售自来水笔的小店铺的店主。他每天凝视着那些待售的笔发呆，真想制造出质量更好的笔，但是他无从下手。

终于有一天，他豁然开朗，把这一问题分成若干部分进行思考：从笔的成分构成、原料组成、造型、功能等多个方面分开分析，并对现有笔的长短处进行综合分析。如从笔的构成方面分析，就可将之分为笔杆、笔尖、笔帽等部分，这几个部分又可以进一步细化。如笔帽从造型方面分析，就有旋拧式、插入式、流线型等。

最后，他对笔进行改进，其发明的流线型、插入式的笔帽结构获得了专利。

这就是世界著名的派克自来水笔的由来。

派克笔的成功给了我们很大的启示：和我们许多人一样，派克在开始进行研究时，也是一筹莫展，不知从何处入手。但是，他运用减法思维，将笔的各种要素进行分解研究，这样就很清晰地找到了下手的着力点，终于取得了非凡的成就。

计算机是当今时代高科技的象征。西方世界首先开发出计算机、微电脑，创造了惊人的社会效益与经济效益。作为发展中国家的我国，在这方面落后了人家一大截，只能奋起直追。但也有思维独到的人反其道而行之，不做加法，而做减法，力图在简化中寻找出路。他们的劳动有了重要的突破，取得了令人欣喜的成果——将计算机中的光驱与解码部分分离出来，就成了千家万户都喜欢的VCD；将计算机中的文字录入编辑和游戏功能取出来，就成了学习机。VCD与学习机的问世，造就了一个消费热点，也造就了一大产业。比尔·盖茨因此盛赞中国企业家独具慧眼，开发出一个利润丰厚的VCD与学习机市场，首次领导了世界高新产品的潮流。

减法思维在节约成本方面也有着较为成功的应用。

或许有人要说，节约是永恒的话题，算不上创造性思维。其实不然。有些事物本是明摆着的，可人们就是视而不见，熟视无睹，听之任之，未能进入视野；而思维敏感的人，注意到了它，并认真思考了，就找到了解决问题的办法。

美国一名铁路工程师办事很认真，凡事喜欢动脑筋。有一次，他在铁轨上行走，发现每一颗螺丝钉都有一截露在外面。为什么必须有多余的这一节呢？不留这一节行不行？他问过许多人，都说不出个所以然。经过试验，他发现，这一节完全没有存在的必要。于是，他决定改造这种螺丝钉。同事们都笑话他小题大做，说历来都这样做，谁也没说个不字，何必标新立异，操闲心。这位工程师不为所动，坚持做自己的。结果每个螺丝钉节约 50 克钢铁，每公里铁轨有螺丝钉 3000 个，节约钢铁 150 公斤；他所在的公司拥有铁路 1.8 万公里，总共有 5400 万个螺丝钉，总计节约了 2700 吨钢铁。事实令同事们信服了。

减法思维涉及人、财、物、用时，等生活工作的各个方面，是一篇永远做不完的大文章，需要我们认真去观察、仔细去思考。掌握了减法思维的要义，你会发现生活中许多问题都迎刃而解了。

分解组合，变化无穷

加减思维法的一个特点就是对事物进行分解或组合，以构成无穷的变化状态。在运用中可以先加后减，亦可先减后加，以达到创新的目的。

美国的《读者文摘》是全世界最畅销的杂志之一，它的诞生来自于它的创始人德惠特·华莱士的一个"加减联用"的创意。

28 岁的时候，华莱士应征入伍，在一次战役中负伤，进入医院疗养。在养伤期间，他阅读了大量杂志，并把自己认为有用的文章抄下来。一天，他突然想：这些文章对我有用，对别人也一定有用，为什么不把它编成一册出版呢？

出院后，他把手头的 31 篇文章编成样本，到处寻找出版商，希望能够出版，但均遭到了拒绝。

华莱士没有灰心，两年后，他自费出版发行了第一期《读者文摘》。事实证明，他把最佳文章组合精编成一册袖珍型的非小说刊物是一个伟大的创意。今天，《读者文摘》发行已达到几千万册，并翻译成 10 多种文字发行。这种办刊方法也为他人所效仿，在我国，目前此类报纸杂志已有数十种。

在这里，"分"是将每一篇文章的精粹从文章中分离出来，或将每一篇文章从每本书里分离出来；"合"是每篇精选过的文

思维影响人生
——用黄金思维解决生活难题

章都要在《读者文摘》中以集合的方式刊登出来。这样就产生了一大批精彩文章所组成的"集合效应"。

为你的视角做加法

怎样培养加法思维呢？

这需要培养我们为自己的视角做加法的能力。

可在一件东西上添加些什么吗？把它加大一些，加高一些，加厚一些，行不行？把这件东西和其他东西加在一起，会有什么结果？

饼干＋钙片＝补钙食品；

日历＋唐诗＝唐诗日历；

剪刀＋开瓶装置＝多用剪刀；

白酒＋曹雪芹＝曹雪芹家酒。

这就是"加一加"视角。

加法体现的是一种组合方式。"加一加"视角就是将双眼射向各种事物，努力思考哪几种可以组合在一起，从而产生新的功能。环顾办公室的用品、住宅里的用具，纯粹单要素的物件很少，大部分是复合物。社会的进步，永远离不开"加一加"视角。

我们生活中的许多物品都是"加一加"视角的产物，如在护肤霜里加珍珠粉便成了珍珠霜；奶瓶上加温度计便可随时测量牛奶的温度，避免婴儿喝的奶过热或过冷；汽车上安装

GPRS 定位系统，便可随时锁定汽车方位，为破获汽车盗窃等案件提供了便利。

在中国香港市场上，中国内地、泰国、澳大利亚的大米声誉不错。中国内地大米香，泰国大米嫩，澳大利亚大米软，三者各有特色，各具优势。但奇怪的是，三者都销路平平，不见红火。或许是特色太突出而难以吊人胃口吧。米商很发愁，思考如何改变这种状况。

一天，米商突发奇想，将三种米混合起来如何？自家试着煮着吃，味道好极了。他如法炮制，自己"加工"出"三合米"，谁知得到了广泛的认同，行情大好。

三米合一，十分简单，却耐人寻味。它的神奇之处在于共生共存、取长补短——三优相加长更长，三短相接短变长；三者杂处，长处互见，短处互补。

由此推衍开去，我们可以想到鸡尾酒，想到酱醋辣的三味合一的调味品，想到农业上的复合肥，想到医药上的复方药……航天飞机实际是火箭、飞机和宇宙飞船的组合。机械与电脑相结合的工业品和生活用品已屡见不鲜，如程控机床、电脑洗衣机、电子秤、电子照相机等。

"加一加"视角可以使事物进行重新组合，产生更有价值的物品。掌握这种方法，需要我们增加思维敏感度，多观察、多思考，便可以随时随地产生加法的创意。

减掉繁杂，留下精华

减法视角要求我们在观察事物时，经常问一问：把它减小一些，降低一些，减轻一些，行不行？可以省略取消什么吗？可以降低成本吗？可以减少次数吗？可以减少些时间吗？

无线电话、无线电报以及无人售货、无人驾驶飞机等都属"减一减"的成果。用"减一减"的办法，将眼镜架去掉，再减小镜片，就发明制造出了隐形眼镜。随着科技的发展，许多产品向着轻、薄、短、小的方向发展。

生活中的许多物品都是"减一减"视角的产物，如：

肉类—油脂＝脱脂食品；

水—杂物＝纯净水；

铅笔—木材＝笔芯。

"加一加"视角将简单事物复杂化，单一功能复合化，那是一种美，使人享受丰富多彩的现代生活；"减一减"视角则将复杂事物简单化，多样功能专一化，也是一种美，给人轻快灵便、简洁明了的愉悦。

企业的发展也是如此。

企业在成长过程中，首先面临的是由小变大的问题。没有一定规模，没有一定实力，就不可能是一个有影响的企业，所以，大多数企业开始都是用"加法"的方式把企业做起来。但企业由大变强，就需要调整企业的产业和组织结构，可以说，企业由大变强，再通过"强"变得更大，则是靠"减法"。

万科集团起家时靠的是"加法"，最红火的时期大约是在1992年前后。1993年后，逐渐成熟起来的万科开始收缩战线，做起了"减法"：第一，1993年，在涉足的多个领域中，万科提出以房地产为主业，从而改变了过去的摊子平铺、主业不突出的局面；第二，在房地产的经营品种上，1994年，万科提出以城市中档民居为主业，从而改变了过去的公寓、别墅、商场、写字楼什么都干的做法；第三，在房地产的投资地域上，1995年底，万科提出回师深圳，由全国的13个城市转为重点经营京、津、沪特别是深圳四个城市；第四，在股权投资上，从1994年起，万科对在全国30多家企业持有的股份，开始分期转让。

万科从1984年成立，到1993年的10年间，从一个单一的摄像器材贸易公司，发展到经营进出口、零售、房地产、投资、影视、广告、饮料等13大类，参股30多家企业，战线一度广布38个城市的大企业商。对于大多数企业来说，加法是容易的，因为在中国经济的大发展中，机会是非常多的，换句话说，诱惑是非常多的。但在1992年底，万科却走上了"减法"之路。正是这种"先加后减"，使万科成为中国房地产业的龙头老大。

佛教中有个词汇叫"舍得"，正印证了减法思维的要义：有舍才有得。小舍会有小得，大舍会有大得，不舍则不得，这是经过了生活验证的，是普遍适用的。

思维影响人生
——用黄金思维解决生活难题

增长学识，登上成功的顶峰

生活的过程就像是在攀登一座高峰，在这期间，知识成为一块块垫脚石，我们只有运用加法思维，不断增加自己的学识，才能在这个日新月异的世界立足，才能有望攀上成功的顶峰。

英国唯物主义哲学家弗兰西斯·培根在其《新工具》一书中提出了"知识就是力量"的著名论断，他写道："任何人有了科学知识，才可能驾驭自然、改造自然，没有知识是不可能有所作为的。"

随着社会的发展，知识的作用愈加重要，特别是知识经济已经来临的今天，可以说，知识不仅是力量，而且是最核心的力量，是终极力量。

对此，李嘉诚曾深有体会地说，在知识经济的时代里，如果你有资金，但是缺乏知识，没有新的信息，无论何种行业，你越拼搏，失败的可能性越大；若你有知识，没有资金，小小的付出都能够有回报，并且很可能获得成功。

所以说，人没有钱财不算贫穷，没有学问才是真正的贫穷。加法思维在这里的正确运用就是想方设法增加学识，而不是一味地增加钱财。只有增加了学识，才能更顺利地登上成功的顶峰。

有这样一则小故事：

一次，德国戴姆勒·克莱斯勒公司里一台大型电机发生故障，几位工程师找不出毛病到底在哪儿，只得请来权威克莱姆·道尔顿。

这位权威人士在现场看了一会儿，然后用粉笔在机器的一个部位画了个圆圈，表示问题就出在这里。一试，果然如此。在付报酬时，克莱姆·道尔顿开出的账单是 1 万美元。人们都认为要价太高了，因为他只画了一个圆圈呀。但是克莱姆·道

思维影响人生
——用黄金思维解决生活难题

尔顿在付款单上写道："画一个圆圈 1 美元，知道在哪里画圆圈值 9999 美元。"

多么巧妙的回答。画一个圆圈是每个人都会的，然而并不是谁都知道该画在什么地方。这正显示了知识的价值和力量。

有了知识的积累，有了一定的学识，命运便会为你开启一扇幸运之门，使你一步步走向成功。

当年，华罗庚虽然辍学，但凭借对数学的热爱，他一直没有放弃学习，积累了许多数学知识，为他以后的发展和成功打下了坚实的基础。

一次，华罗庚在一本名叫《学艺》的杂志上读到一篇《代数的五次方程式之解法》的文章，惊讶得差点叫出声来："这篇文章写错了！"

于是，这个只有初中文化程度的 19 岁青年，居然写出了批评大学教授的文章:《苏家驹之代数的五次方程式解法不能成立之理由》，投寄给上海《科学》杂志。

华罗庚的论文发表后，引起了清华大学数学系主任熊庆来教授的注意。这位数学前辈以他敏锐的洞察力和准确的判断力认为，华罗庚将是中国数学领域的一颗希望之星！

当得知华罗庚竟是小镇上一名失学青年时，熊庆来教授大为震惊！熊庆来教授爱才心切，想方设法把华罗庚调到了清华大学当助理员。进入这所蜚声海内外的高等学府，华罗庚如鱼得水。他一边工作，一边学习、旁听，熊庆来教授还亲自指导他学习数学。

命运再一次对这位努力不懈者展现了应有的青睐。到清华大学的 4 年中，华罗庚接连发表了十几篇论文，自学了英文、德文、法文，最后被清华大学破格提升为讲师、教授。

华罗庚的事迹说明了，要增加学识，最直接、最有效的途径就是学习。学习，是对加法思维的创造性运用。如果将我们一生的成就比作一幢大厦，学习的过程就是逐渐添砖加瓦的过程。学习已经越来越具有主动创造、超前领导、生产财富和社会整合的功能。

在这个信息和知识的时代，用加法思维进行"终身学习"是每个现代人生存和发展的基础。

放弃何尝不是明智的选择

放弃是智者面对生活的明智选择，是减法思维在生活中的应用，只有懂得何时放弃的人，才会事事如鱼得水。

选择与放弃，这几乎是每个人每一天都会在自己的生活中遇到的问题，如果你能够看破其中的奥秘，做到明智选择，轻松放弃，就能让自己的生活变得简单。

放弃，意味着重新获得。明智的放弃胜过盲目的坚持。生活中我们应当学会适时地放弃。放弃一些无谓的执着，你就会收获一种简单的生活。

日本著名的禅师南隐说过，不能学会适当放弃的人，将永远背着沉重的负担。生活中有舍才有得，如果我们想抓住所有的东西不放，结果就可能什么也得不到。

艾德 11 岁那年，一有机会便去湖心岛钓鱼。在钓鳟鱼开禁前的一天傍晚，他和妈妈早早又来钓鱼。安好诱饵后，他将鱼线一次次甩向湖心，在落日余晖下泛起一圈圈的涟漪。

忽然钓竿的另一头沉重起来。他知道一定有大家伙上钩，急忙收起鱼线。终于，艾德小心翼翼地把一条竭力挣扎的鱼拉出水面。好大的鱼啊！它是一条鳟鱼。

月光下，鱼鳃一吐一纳地翕动着。妈妈打亮小电筒看看表，已是晚上 10 点——但距允许钓鳟鱼的时间还差两个小时。

"你得把它放回去，儿子。"母亲说。

"妈妈！"艾德哭了。

"还会有别的鱼的。"母亲安慰他。

"再没有这么大的鱼了。"艾德伤感不已。

他环视四周，已看不到渔艇或钓鱼的人，但他从母亲坚决的脸上知道无可更改。暗夜中，那鳟鱼摆动着笨大的身躯慢慢游向湖水深处，渐渐消失了。

这是很多年前的事了，后来艾德成为纽约市著名的建筑师。他确实没再钓到那么大的鱼，但他却为此终生感谢母亲。因为他通过自己的诚实、勤奋、守法，猎取到了生活中的大鱼——事业上成绩斐然。

放弃，意味着重新获得。要想让自己的生

活过得简单一些，你就有必要放弃一些功利、应酬，以及工作上的一些成就。只有放弃一些生活中不必要的牵绊，才能够让你的生活真正简单起来。

中国有句老话：有所不为才能有所为。去除一些负担，停止做那些你已觉得无味的事情。只有这样，你才能更好地把握自己的生活。

杰克见到房东正在挖屋前的草地，有点不相信自己的眼睛："这些草你要挖掉吗？它们是那么漂亮，而你又花了多少心血呀！"

"是的，问题就在这里。"他说，"每年春天我要为它施肥、透气，夏天又要浇水、剪割，秋天要再播种。这草地一年要花去我几百个小时，谁会用得着呢？"

现在，房东在原先的草地种上了一棵棵柿子树，秋天里挂满了一只只红彤彤的小灯笼，可爱极了。这柿子树不需要花什么精力来管理，使他可以空出时间干些他真正乐意干的事情。

选择总在放弃之后。明智之人在作出一项选择之前知道自己需要什么，并果断地将不需要的放弃。例如，当你决定要健康的时候，你就要放弃睡懒觉，放弃熬夜……当你要享受更轻松的生活的时候，你就要放弃一些工作上的琐事和无休止的加班，等等。

总之，真正的智者，懂得何时该放弃，他们懂得放弃了，才有机会获得成功。这样的放弃其实是为了得到，是在放弃中

思维影响人生
——用黄金思维解决生活难题

开始新一轮的进取，绝不是低层次的三心二意。

拿得起，也要放得下；反过来，放得下，才能拿得起。荒漠中的行者知道什么情况下必须扔掉过重的行囊，以减轻负担、保存体力，努力走出困境而求生。该扔的就得扔，连生存都不能保证的坚持是没有意义的。

放弃也是一种选择，有放弃才能有所得。人不仅要知道进取，也要学会认输、知道放弃，进取和放弃同样重要。

生命如舟，生命之舟载不动太多的物欲和虚荣，要想使之在抵达彼岸前不在中途搁浅或沉没，就必须减轻载重，只取需要的东西，把那些不需要的果断地放下。

我们应该明白这样的道理：人的一生，不可能什么东西都得到，总有需要放弃的东西。不懂得放弃，就会变得极端贪婪，结果什么东西都得不到。

学会辩证地看待这个世界：放弃今天的舒适，努力"充电"学习，是为了明天更好地生活。若是一味留恋今天的悠闲生活，有可能明天你将整天地哭泣。学会放弃，可以使你轻装前进，攀登人生更高的山峰。

学会运用人生加减法

月有阴晴圆缺，人有悲欢离合。有人将人生比作一场戏，在舞台上时刻上演着分分合合、加加减减的剧目。实际上，人生又是一种自我经营的过程，要经营就要讲运算。我们要在生

活中学会运用人生加减法，掌握人生的主动权。

人生需要用加法。人生在世，总是要追求一些东西，追求什么是人的自由，所谓人各有志，只要不违法，手段正当，不损害别人的利益，符合道德伦理，追求任何东西都是合理的。

比如，有的人勤奋工作，奋力拼搏为的是升职；有的人风里来雨里去，吃尽苦头，为的是增加手中的财富；有的人"头悬梁，锥刺股"发奋读书是为了增长知识；有的人刻苦研究艺术，为的是增加自己的文化品位；有的人全身心投入社会实践中，为的是增加才能；有的人待人诚恳，为的是多交挚友；有的人坚持锻炼身体，为的是强健体魄、增加精力……人生的加法，使人生更加丰富多彩。加法人生的原则是公平竞争，不论在物质财富上还是在精神财富上胜出者，都应给予鼓励。加法人生是一种积极的人生。

人生需要用减法。哲人说，人生如车，其载重量有限，超负荷运行促使人生走向其反面。

人的生命有限，而欲望无限。我们要学会淡然地看待得失，用减法减去人生过重的负担，否则，负担太重，人生不堪重负，

思维影响人生
——用黄金思维解决生活难题

结果往往事与愿违。

有一次，先知带着他的学生来到了一个山洞里。学生们正纳闷儿，他却打开了一座神秘的仓库。这个仓库里装满了放射着奇光异彩的宝贝。

仔细一看，每件宝贝上都刻着清晰可辨的字，分别是：骄傲、忌妒、痛苦、烦恼、谦虚、正直、快乐……这些宝贝是那么漂亮，那么迷人。这时先知说话了："孩子们，这些宝贝都是我积攒多年的，你们如果喜欢的话，就拿去吧！"

学生们见一件爱一件，抓起来就往口袋里装。可是，在回家的路上他们才发现，装满宝贝的口袋是那么沉重，没走多远，他们便感到气喘吁吁，两腿发软，脚步再也无法挪动。先知又开口了：孩子，还是丢掉一些宝贝吧，后面的路还很长呢！"骄傲"丢掉了，"痛苦"丢掉了，"烦恼"也丢掉了……口袋的重量虽然减轻了不少，但学生们还是感到很沉重，双腿依然像灌了铅似的。

"孩子们，把你们的口袋再翻一翻，看看还有什么可以扔掉一些。"先知再次劝学生们。

学生们终于把最沉重的"名"和"利"也翻出来扔掉了，口袋里只剩下了"谦逊"、"正直"和"快乐"……一下子，他们有一种说不出的轻松和快乐。先知也长舒了一口气说："啊，你们终于学会了放弃！"

人生应有所为，有所不为。著名科普作家高士其原名叫高仕錤，后改成了高士其，有些朋友不解其意，他解释说：去掉"人"旁不做官，去掉"金"旁不要钱。高士其以惊人的毅力创作了 50 年，创作了 500 万字的科普作品。

华盛顿是美国的开国之父，他在第二届总统任期届满时，全国"劝进"之声四起，但他以无比坚定的意志坚持卸任，完成了人生的一次具有重要意义的减法，至今美国人民仍自豪于华盛顿为美国建立的制度。

人生加减法，体现了太多的加减思维与加减智慧，对我们生活的方方面面有着至关重要的作用，是需要我们用心去体会、去学习的。

第四章

逆向思维——答案可能就在事物的另一面

做一条反向游泳的鱼

当你面对一个史无前例的难题，沿着某一固定方向思考而不得其解时，灵活地调整一下思维的方向，从不同角度展开思考，甚至把事情整个反过来想一下，那么就有可能反中求胜，摘得成功的果实。

宋神宗熙宁年间，越州（今浙江绍兴）闹蝗灾。成片的蝗虫像乌云一样，遮天蔽日。所到之处，禾苗全无，树木无叶，一片肃杀景象。当然，这年的庄稼颗粒无收。

当时，新到任的越州知州赵汴，就面临着整治蝗灾的艰巨任务。越州不乏大户之家，他们有积年存粮。老百姓在青黄不接时，大都过着半饥半饱的日子，而一旦遭灾，便缺大半年的口粮。灾荒之年，粮食比金银还贵重，哪家不想存粮活命？一时间，越州米价飞涨。

面对此种情景，僚属们都沉不住气了，纷纷来找赵汴，求他拿出办法来。借此机会，赵汴召集僚属们来商议救灾对策。

大家议论纷纷，但有一条是肯定的，就是依照惯例，由官府出告示，压制米价，以救百姓之命。僚属们七嘴八舌，说附

思维影响人生
——用黄金思维解决生活难题

近某州某县已经出告示压米价了，倘若还不行动，米价天天上涨，老百姓将不堪其苦，甚至会起来造反的。

赵汴听了大家的讨论后，沉吟良久，才不紧不慢地说："今次救灾，我想反其道而行之，不出告示压米价，而出告示宣布米价可自由上涨。""啊？"众僚属一听，都目瞪口呆，以为知州大人在开玩笑，而后看知州大人蛮认真的样子，又怀疑这位大人是否吃错了药，在胡言乱语。赵汴见大家不理解，笑了笑，胸有成竹地说："就这么办。起草文书吧！"

官令如山倒，大人说怎么办就怎么办。不过，大家心里都直犯嘀咕：这次救灾肯定会失败，越州将饿殍遍野，越州百姓要遭殃了！这时，附近州县都纷纷贴出告示，严禁私涨米价。若有违犯者，一经查出，严惩不贷。揭发检举私增米价者，官府予以奖励。而越州则贴出不限米价的告示，于是，四面八方的米商纷纷闻讯而至。头几天，米价确实涨了不少，但买米者看到米上市的太多，都观望不买。然而过了几天，米价开始下跌，并且一天比一天跌得快。米商们想不卖再运回去，但一则运费太贵，增加成本，二则别处又限米价，于是只好忍痛降价出售。这样一来，越州的米价虽然比别的州县略高点，但百姓有钱可买到米；而别的州县米价虽然压下来了，但百姓排半天队，却很难买到米。所以，这次大灾，越州饿死的人最少，受到朝廷的嘉奖。

僚属们都佩服赵汴，纷纷来请教其中原因。赵汴说："市场之常性，物多则贱，物少则贵。我们这样一反常态，告示米商们可随意涨价，米商们都蜂拥而来。吃米的还是那么多人，米价怎能涨上去呢？"原来奥妙在于此。

很多时候，对问题只从一个角度去想，很可能进入死胡同，因为事实也许存在完全相反的可能。有时，问题实在很棘手，从正面无法解决，假如探寻逆向可能，反倒会有出乎意料的结果。

有一个故事，主人公也是运用了逆向思维而取得了不错的收益。

巴黎的一条大街上，同时住着三个不错的裁缝。可是，因为离得太近，所以生意上的竞争非常激烈。为了能够压倒别人，吸引更多的顾客，裁缝们纷纷在门口的招牌上做文章。一天，一个裁缝在门前的招牌上写上了"巴黎城里最好的裁缝"，结果吸引了许多顾客光临。看到这种情况以后，另一个裁缝也不甘示弱。第二天，他在门口挂出了"全法国最好的裁缝"的招牌，结果同样招揽了不少顾客。

第三个裁缝非常苦恼，前两个裁缝挂出的招牌吸引了大部分的顾客，如果不能想出一个更好的办法，很可能就要成为"生意最差的裁缝"了。但是，什么词可以超过"全巴黎"和"全法国"呢？如果挂出"全世界最好的裁缝"的招牌，无疑会让别人感觉到虚假，也会遭到同行的讥讽。到底应该怎么办？正当他愁眉不展的时候，儿子放学回来了。当他知道父亲发愁的原因以后，笑着说："这还不简单！"随后挥笔在招牌上写了几个字，挂了出去。

第三天，另两个裁缝站在街道上等着看他们的另一个同行的笑话，但事情却出乎了他们的意料。因为，他们发现，很多顾客都被第三个裁缝"抢"走了。这是什么原因？原来，妙就妙在他的那块招牌上，只见上面写着"本街道最好的裁缝"几个大字。

在竞争日趋激烈的今天，人们更需要借助于非常规的思维来取胜。在上面的故事中，面对前面两个裁缝提出的全城和全国的"大"，第三个裁缝的儿子却利用街道的"小"来做文章，并最终取得了胜利。因为在全城或者全国，他不一定是最好的，但在街道这个特定区域里，他就是最好的，而这才是具有绝对竞争力的。

思维逆转本身就是一种灵感的源泉。遇到问题，我们不妨多想一下，能否朝反方向考虑一下解决的办法。反其道而行是人生的一种大智慧，当别人都在努力向前时，你不妨倒回去，做一条反向游泳的鱼，去寻找属于你的道路。

试着"倒过来想"

很多时候，你只从一个角度去想事情，很可能让自己的想法进入死胡同，无法寻求到解决问题的有效方法。甚至有些时候，问题非常棘手，从正面或侧面根本没法解决。这个时候，如果你试着倒过来想，没准就会有出乎意料的惊喜！

有这样一个故事：

古时候，一位老农得罪了当地的一个富商，被其陷害关入了大牢。当地有这样一项法律：当一个人被判死刑，还可以有一次抓阄的机会，只有生死两签，要么判处死刑，要么救下一命，改为流放。

陷害老农的富商，怕这个老农运气好，抓个生签，便决定买通制阄人，要两签均为"死"。老农的女儿探知这一消息，大为震惊，认为父亲必死无疑。但老农一听此事，反倒喜形于色："我有救了。"执行之日，老农果然轻易得活，让家人和陷害者大惊失色。

他用的是什么方法呢？原来，抓阄时，老农随便抓一个往口里一丢，说："我认命了，看余下的是什么吧？"结果打开一看，确实是"死"。制阄人自然不敢说自己造了假，于是断定其所抓之阄是"生"。老农死里逃生。

这就是"倒过来想"的魅力！在遇到问题时，多从对立面想一想，既能把坏事变好事，又能发现许多创造的良机。

思维影响人生
——用黄金思维解决生活难题

20世纪60年代中期，全世界都在研究制造晶体管的原料——锗，大家认为最大的问题是如何将锗提炼得更纯。

索尼公司的江崎研究所，也全力投入了一种新型的电子管研究。为了研究出高灵敏度的电子管，人们一直在提高锗的纯度上下工夫。当时，锗的纯度已达到了99.9999999%，要想再提高一步，真是比登天还难。

后来，刚出校门的黑田由子小姐，被分配到江崎研究所工作，担任提高锗纯度的助理研究员。这位小姐比较粗心，在实验中老是出错，免不了受到江崎博士的批评。后来，黑田小姐发牢骚说："看来，我难以胜任这提纯的工作，如果让我往里掺杂质，我一定会干得很好。"

不料，黑田的话突然触动了江崎的思绪，如果反过来会如何呢？于是，他真的让黑田一点一点地向纯锗里掺杂质，看会有什么结果。

于是，黑田每天都朝相反的方向做实验，当黑田把杂质增加到1000倍的时候（锗的纯度降到了原来的一半），测定仪器上出现了一个大弧度的局限，几乎使她认为是仪器出了故障。黑田马上向江崎报告了这一结果。江崎又重复多次这样的试验，终于发现了一种最理想的晶体。接着，他们又发明出自动电子技术领域的新型元件，使用这种电子晶体技术，电子计算机的体积缩小到原来的1/4，运行速度提高了十多倍。此项发明一举轰动世界，江崎博士和黑田分别获得了诺贝尔物理学奖和民间诺贝尔奖。

倒过来想就是如此神奇，看似难以解决的问题，从它的反面来考虑，立刻迎刃而解了。这种方法不只适用于科学研究，在企业经营中也能催生出一些好的策略。

北京某制药企业刚刚生产一种特效药，价格比较高，企业又没有很多预算做广告和促销，所以销量一直不是很好。有一天，企业在运货过程中无意将一箱药品丢失，面临几万元的损失。面对这样一个突发事件，企业的领导层没有简单地惩罚当事人了事，而是将问题倒过来想，试图从问题的反方向来解决，并迅速形成了一个意在营销的决策：马上在各个媒体上发表声明，告诉公众自己丢失了一箱某种品牌的特效药，非常名贵，疗效显著，但是需要在医生指导下服用，因此企业本着对消费者负责的态度，希望拾到者能将药品送回或妥善处理而不要擅自服用。企业最终并没有找到丢失的药品，但是声明过后，通过媒体、读者茶余饭后的口口相传，消费者对该药品、品牌和企业的认识度与信赖感明显提高。很快，药品的知名度和销量迅速上升，这个创意为企业创造的效益已经远远高于丢失药品导致的损失了。

"倒过来想"的方法可以拓展我们的思维广度，为问题的解决提供一个新的视角。我们已经习惯了"正着想问题"的思维模式，偶尔尝试一下"倒过来想"，也许你会收到"柳暗花明又一村"的效果。

思维影响人生
——用黄金思维解决生活难题

反转型逆向思维法

反转型逆向思维法是指从已知事物的相反方向进行思考，寻找发明构思的途径。

"事物的相反方向"是指从事物的功能、结构、因果关系等三个方面作反向思维。

火箭首先是以"往上发射"的方式出现的，后来，苏联工程师米海依却运用此方法，终于设计、研究成功了"往下发射"的钻井火箭、穿冰层火箭、穿岩石火箭等，统称为钻地火箭。

科技界把钻地火箭的发明视为引起了一场"穿地手段"的革命。

原来的破冰船起作用的方式都是由上向下压，后来有人运用反转型逆向思维法，研制出了潜水破冰船。这种破冰船将"由上向下压"改为"从下往上顶"，既减少了动力消耗，又提高了破冰效率。

隧道挖掘的传统的方法是：先挖洞，挖了一段距离后，便开始打木桩，用以支撑洞壁，然后再继续往前挖；挖了一段距离后，再用木桩支撑洞壁，这样一段一段连接起来，便成了隧道。

这样的挖法，要是碰上坚硬的岩石算是走运，一旦碰上土质疏松的地段，麻烦就大了。有时还会造成塌方而把已经挖好的隧道堵死，甚至会有人员伤亡。

美国有一位工程师解决了这一难题。他对原有的挖掘方法采取了"倒过来想"的思考方式，对挖掘隧道的过程采取颠倒的做法：先按照隧道的形状和大小，挖出一系列的小隧道，然后往这些小隧道内灌注混凝土，使它们围拢成一个大管子，形成隧道的洞壁。

洞壁确定以后，接下来再用打竖井的方法挖洞。实践证明，这种先筑洞壁、后挖洞的新方法，不仅可以避免洞壁倒塌，而且可以从隧道的两头同时挖掘，既省工又省时，效果非常显著，世界上许多国家都采用了这一方法。

反转型逆向思维法针对事物的内部结构和功能从相反的方向进行思考，对于事物结构与功能的再造有着突出的作用。

从上述案例可知，反转型逆向思维法在发明应用实践中，有的是方向颠倒，有的则是结构倒装，或者功能逆用。运用这种思维方法时，首要的是找准"正"与"反"两个对立统一的思维点，然后再寻找突破点。像大与小、高与低、热与冷、长与短、白与黑、歪与正、好与坏、是与非、古与今、粗与细、多与少等，都可以构成逆向思维。大胆想象，反中求胜，均可收获创意的珍珠。

转换型逆向思维法

转换型逆向思维法是指在研究一个问题时，由于解决问题的手段受阻，而换成另一种手段，或转换思考角度，以使问题顺利解决的思维方法。

思维影响人生
——用黄金思维解决生活难题

有这样一则故事：

一位大富豪走进一家银行。

"请问先生，您有什么事情需要我们效劳吗？"贷款部营业员一边小心地询问，一边打量着来人的穿着：名贵的西服、高档的皮鞋、昂贵的手表，还有镶宝石的领带夹……"我想借点钱。""完全可以，您想借多少呢？""1美元。""只借1美元？"贷款部的营业员惊愕地张大了嘴巴。"我只需要1美元。可以吗？"贷款部营业员的大脑立刻高速运转起来，这人穿戴如此阔气，为什么只借1美元？他是在试探我们的工作质量和服务效率吧？他装出高兴的样子说："当然，只要有担保，无论借多少，我们都可以照办。"

"好吧。"富豪从豪华的皮包里取出一大堆股票、债券等放在柜台上，"这些作担保可以吗？"

营业员清点了一下："先生，总共50万美元，作担保足够了，不过先生，您真的只借1美元吗？"

"是的，我只需要1美元。有问题吗？"

"好吧，请办理手续，年息为6％，只要您付6％的利息，且在一年后归还贷款，我们就把这些作担保的股票和证券还给您……"

富豪办完手续正要走，一直在一边旁观的银行经理怎么也弄不明白，一个拥有50万美元的人，怎么会跑到银行来借1美元呢？

他追了上去："先生，对不起，能问您一个问题吗？"

"当然可以。"

"我是这家银行的经理，我实在弄不懂，您拥有 50 万美元的家当，为什么只借 1 美元呢？"

"好吧！我不妨把实情告诉你。我来这里办一件事，随身携带这些票券很不方便，问过几家金库，它们的保险箱租金都很昂贵。所以我就到贵行将这些东西以担保的形式寄存了，由你们替我保管，况且利息很低，存一年才不过 6 美分……"

经理如梦初醒，他也十分钦佩这位富豪，他的做法实在太高明了。

这位富豪巧妙地运用了转换型逆向思维法，为了规避昂贵的租金，他从反方向思考，将随身财物作为贷款抵押，每年只需付极少的利息，就轻松地解决了问题。

这是一种非同寻常的智慧，需要我们的思路保持灵活，不受传统观念或习惯所拘束。据说，鞋子的产生也源于转换型逆向思维法的运用。

很久以前，还没有发明鞋子，所以人们都

思维影响人生
——用黄金思维解决生活难题

赤着脚，即使是冰天雪地也不例外。有一个国家的国王喜欢打猎，他经常出去打猎，但是他进出都骑马，从来不徒步行走。

有一回他在打猎时偶尔走了一段路，可是真倒霉，他的脚让一根刺扎了。他痛得"哇哇"直叫，把身边的侍从大骂了一顿。第二天，他向一个大臣下令：一星期之内，必须把城里大街小巷统统铺上毛皮。如果不能如期完工，就要把大臣绞死。一听到国王的命令，那个大臣十分惊讶。可是国王的命令怎么能不执行呢？他只得全力照办。大臣向自己的下属官吏下达命令，官吏们又向下面的工匠下达命令。很快，往街上铺毛皮的工作就开始了，声势十分浩大。

铺着铺着就出现了问题，所有的毛皮很快就用完了。于是，不得不每天宰杀牲口。杀了成千上万的牲口，可是铺好的街还不到百分之一。

离限期只有两天了，急得大臣头发都白了。大臣有一个女儿，非常聪明。她对父亲说："这件事由我来办。"

大臣苦笑了几声，没有说话。可是姑娘坚持要帮父亲解决难题。她向父亲讨了两块皮，按照脚的模样做了两只皮口袋。

第二天，姑娘让父亲带她去见国王。来到王宫，姑娘先向国王请安，然后说："大王，您下达的任务，我们都完成了。您把这两只皮口袋穿在脚上，到哪儿去都行。别说小刺，就是钉子也扎不到您的脚！"

国王把两只皮口袋穿在脚上，然后在地上走了走。他为姑娘的聪明而感到惊奇，穿上这两只皮口袋走路舒服极了。

国王下令把铺在街上的毛皮全部揭起来。很快，揭起来的毛皮堆成了一座山，人们用它们做了成千上万双鞋子，而且想出了许多不同的样式。

许多人遇到问题便为其所困，找不到解决的办法，实际上，如果能换个角度看问题，有时一个看似很困难的问题也可以用巧妙的方法轻松解决。这就需要我们在生活中培养这种多角度看问题的能力。

缺点逆用思维法

缺点逆用思维法是一种利用事物的缺点，将缺点变为可利用的东西，化被动为主动，化不利为有利的思维方法。

美国的"饭桶演唱队"就是运用缺点逆用思维法，"炒作"自己的缺点，从而一举成名的。

"饭桶演唱队"的前身是"三人迪斯科演唱队"，由三名肥胖得出奇的小伙子组成，演唱的题材大多是关于食品、吃喝和胖子等笑料，很受市民欢迎。有一次在欧洲演出，有家旅店的经理见他们个个又肥又胖，穿上又宽又大的演出服，简直与三只大桶一般无二，于是嘲笑他们，建议他们创作一首"饭桶歌"唱唱，说这会相得益彰。经理本是奚落嘲弄，三个胖小伙也着实又恼又怒，但恼怒之后便兴高采烈了。对，肥胖就肥胖，干脆将"三人迪斯科演唱队"改为"三人饭桶演唱队"，而且即兴创作了《饭

思维影响人生
——用黄金思维解决生活难题

桶歌》。第一天演唱便赢得了观众如雷的掌声。三人录制的《三个大饭桶》唱片，一上市便是 10 万张，几天即被抢购一空。

从这个故事可以看出来，缺点固然有其不足的一面，但发现缺点、认定缺点、剖析缺点并积极地寻求克服或者利用它的方法往往能创造一个契机，找到一个出发点。俗话说得好，有一弊必有一利，利弊关系的这种统一属性，正是新事物不断产生的理论和实践基础。

法国有一个人，在航海时发现，海员十分珍惜随船携带的淡水，自然知道了浩渺无垠的辽阔大海尽管气象万千，但大海的水却可望而不可喝。应当说，这是海水的缺点，几乎所有的人都了解这一点。商人却认真地注意起这个大海的缺点来，它咸，它苦，与清甜的山泉相比，简直不能相提并论，难道它当真只能被人们所厌恶？想着想着，他突发奇想，如果将苦咸的海水当作辽阔而深沉的大海奉献给从未见过大海的人们，又会怎样呢？于是他用精巧的器皿盛满海水，作为"大海"出售，而且在说明书中宣称：烹调美味佳肴时，滴几滴海水进去，美食将更添特殊风味。反响是异乎寻常的强烈，家庭主妇们将"大海"买去，尽情观赏之后，让它一点一滴地走上餐桌，她们为此乐不可支。

这种在缺点上做文章、由缺点激发创意的方法越来越广泛地被应用，也取得了较好的结果。在运用此方法时，我们应注意对缺点保持一种积极而审慎的态度，还可以尝试使事物的缺点更加明显，也许会收到意想不到的效果。

曾有个纺纱厂因设备老化，织出的纱线粗细不均，眼看就要产生一批残品，遭受到重大的损失，老板很是头痛。

这时，一位职员提出，不如"将错就错"，将纱线制成衣服，因为纱线有粗有细，衣服的纹路也不同寻常，也许会受到消费者的欢迎。

老板觉得有道理，便听从了职员的建议。果然，这样制成的衣服具有古朴的风格，相当有个性，很受大众的欢迎，推出不久便销售一空。就这样，本会赔本的"残品"却卖出了好价钱，纺纱厂因此而获得了更多的利润。

其实，任何事物都没有绝对的好与坏，从一个角度看是缺点，换一个角度看也许就变成了优点，对这一"缺点"加以合理利用，就可以收到化不利为有利的效果。

反面求证：反推因果创造

某些事物是互为因果的，从这一方面，可以探究到另一与其对立的方面。

有一个商人，想要雇用一名得力的助手，他想到了一个测试方法，由前来应聘的两位应聘者之中，选择一位最聪明的人作为助手。

他让 A 和 B 同时进入一间没有窗户，而且除了地上的一个盒子外，空无一物的房间内。商人指着盒子对这两个人说："这里有五顶帽子，有两顶是红色的，三顶是黑色的，现在我把电

思维影响人生
——用黄金思维解决生活难题

灯关上，我们三个人从盒子里每人摸出一顶帽子戴在头上，戴好帽子打开灯后，你们要迅速地说出自己所戴帽子的颜色。"

灯关了后，两人都看到商人的头上是一顶红帽子，又对望了一会儿，都迟疑地不敢说出自己头上的帽子是什么颜色。

忽然，B叫了一声："我戴的是黑帽子！"

为什么呢？

商人的头上是顶红帽子，那么就还剩下一顶红帽子和三顶黑帽子。B见A迟疑着无法立刻说出答案，所以就认定了自己头上是顶黑帽子。因为如果B头上是顶红帽子，那么A就会马上说他头上戴的是黑帽子，怎么会迟疑呢？

B假定自己头上戴的是红帽子，但是发现对方在迟疑，于是得到了答案。

这个推理就是由结果向前推的逆向思维，这种方法在发明创造方面也发挥着重要的作用。

1877年8月的一天，美国大发明家爱迪生为了调试电话的送话器，在用一根短针检验传话膜的振动情况时，意外地发现了一个奇特的现象：手里的针一接触到传话膜，随着电话里传来声音的强弱变化，传话膜产生了一种有规律的颤动。这个奇特的现象引起了他的思考，他想：如果倒过来，使针发生同样的颤动，不就可以将声音复原出来，不就可以把人的声音贮存起来吗？

循着这样的思路，爱迪生着手试验。经过四天四夜的苦战，他完成了留声机的设计。爱迪生将设计好的图纸交给机械师克鲁西后不久，一台结构简单的留声机便制造出来了。爱迪生还拿它去当众做过演示，他一边用手摇动铁柄，一边对着话筒唱道："玛丽有一只小羊，它的绒毛白如霜……"然后，爱迪生停下来，让一个人用耳朵对着受话器，他又把针头放回原来的位置，再摇动手柄，这时，刚才的歌声在这个人的耳边响了起来。

留声机的发明，使人们惊叹不已。报刊纷纷发表文章，称赞这是继贝尔发明电话之后的又一伟大创造，是 19 世纪的又一个奇迹。

爱迪生的成功，就在于他有了这样一种互为因果的思路：声音的强弱变化使传话膜产生了一种有规律的颤动，如果倒过来，使针发生同样的颤动，就可以将声音复原出来，因而也就可以把声音贮存起来！

这实际上是一种互为因果的反面求证法。当我们遇到同样情况的时候，就可以尝试从反面来推其因果，说不定也会有类似的创造成果产生。

人生的倒后推理

每个人在儿时都会种下美好的梦想的种子，然而有的梦想能够生根、发芽、开花、结果，而有的梦想却真的成了儿时的一个梦，一个永远也实现不了的梦。

思维影响人生
——用黄金思维解决生活难题

为什么会有这样的区别呢？我们抛却成功的其他因素，会发现，有没有一个合理的计划是决定成败的一个关键因素。

也许有人会说：梦想是遥远的，我又怎能知道自己具体要做什么来能达到目标呢？那么，不妨常常使用逆向思维，将你的理想进行倒向推理。

曾经创下空前的震撼与模仿热潮的歌手李恕权，是唯一获得格莱美音乐大奖提名的华裔流行歌手，同时也是"Billboard杂志排行榜"上的第一位亚洲歌手。他在《挑战你的信仰》一书中，详细讲述了自己成功历程中的一个关键情节。

1976年的冬天，19岁的李恕权在休斯敦太空总署的实验室里工作，同时也在休斯敦大学主修电脑。纵然学校、睡眠与工作几乎占据了他大部分时间，但只要稍微有多余的时间，他总是会进行音乐创作。

一位名叫凡内芮的朋友在他事业起步时给了他很大的鼓励。凡内芮在得州的诗词比赛中得过很多奖。她的作品总是让他爱不释手，他们合写了许多很好的作品。

一个星期六的早上，凡内芮又热情地邀请李恕权到她家的牧场烤肉。凡内芮知道李恕权对音乐的执着。然而，面对遥远的音乐界及整个美国陌生的唱片市场，他们一点门路都没有。他们两个人坐在牧场的草地上，不知道下一步该如何走。突然间，她冒出了一句话：

"想想你5年后在做什么。"

她转过身来说："嘿！告诉我，你心目中'最希望'5年后的你在做什么，你那个时候的生活是一个什么样子？"他还来不及回答，她又抢着说："别急，你先仔细想想，完全想好，确定后再说出来。"李恕权沉思了几分钟，告诉她说："第一，5年后，我希望能有一张唱片在市场上，而这张唱片很受欢迎，可以得到许多人的肯定。第二，我住在一个有很多音乐的地方，能天天与一些世界一流的乐师一起工作。"凡内芮说："你确定了吗？"他十分坚定地回答，而且是拉了一个很长的"Yes——"！

凡内芮接着说："好，既然你确定了，我们就从这个目标倒算回来。如果第五年，你有一张唱片在市场上发行，那么你的第四年一定是要跟一家唱片公司签上合约。那么你的第三年一定是要有一个完整的作品，可以拿给很多的唱片公司听，对不对？那么你的第二年，一定要有很棒的作品开始录音了。那么你的第一年，就一定要把你所有要准备录音的作品全部编曲，排练好。那么你的第六个月，就是要把那些没有完成的作品修饰好，然后让你自己可以逐一筛选。那么你的第一个月就是要有几首曲子完工。那么你的第一个礼拜就是要先列出一整个清单，列出哪些曲子需要完工。"

最后，凡内芮笑着说："好了，我们现在已经知道你下个星期一要做什么了。"

她补充说："哦，对了。你还说你5年后，要生活在一个有很多音乐的地方，然后与许多一流的乐师一起工作，对吗？如

思维影响人生
——用黄金思维解决生活难题

果你的第五年已经在与这些人一起工作，那么你的第四年照道理应该有你自己的一个工作室或录音室。那么你的第三年，可能是先跟这个圈子里的人在一起工作。那么你的第二年，应该不是住在得州，而是已经住在纽约或是洛杉矶了。"

1977 年，李恕权辞掉了太空总署的工作，离开了休斯敦，搬到洛杉矶。说来也奇怪，虽然不是恰好 5 年，但大约可说是第六年的 1982 年，他的唱片在中国台湾及亚洲其他地区开始畅销起来，他一天 24 小时几乎全都忙着与一些顶尖的音乐高手一起工作。他的第一张唱片专辑《回》首次在台湾由宝丽金和滚石联合发行，并且连续两年蝉联排行榜第一名。

这就是一个 5 年期限的倒后推理过程。实际上还可以延长或缩短时间跨度，但思路是一样的。

当你为手头的工作焦头烂额的时候，一定要停下来，静静地问一下自己：5 年后你最希望得到什么？哪些工作能够帮助你达到目标？你现在所做的工作有助于你达到这个目标吗？如果不能，你为什么要做？如果能，你又应该怎样安排？想想为达到这个目标你在第四年、第三年、第二年应做到何种程度？那么，你今年要取得什么成绩？最近半年应该怎样安排？一直推算到这个月、这个星期你应该做什么。当你的目标足够明确，按照倒后推理设置出的计划行事，相信你离你的梦想已不再遥远。

第五章

平面思维——试着从另一扇门进入

换个地方打井

小娟在一家青年报任编辑，工作很出色。然而，单位人才济济，她在工作中很难取得更突出的成绩。在处理读者来信时，她发现有不少青年读者，当工作和生活遇到了问题时，却没有地方表达和交流。于是她建议报社开办一条专门针对青年人的心理热线。

这个想法虽然十分新颖，但是在报社里反应平平。多数人认为自己的工作主要是写作和发表新闻稿件，要花时间干这样的事，未必值得，但领导还是同意了她的想法。热线很快开通了，在社会上产生了极大的反响，热线电话几乎打爆。众多青少年的心声，通过一条简单的电话线汇集到了一起，也为小娟提供了很多十分新颖、十分深刻的素材。

后来，报社顺应读者要求在报纸上开辟了一个新的版面，名叫《青春热线》，每周以 4 个整版的篇幅反映这些读者的心声。《青春热线》逐渐成了该报社最受欢迎的栏目，小娟也获得了新闻界的许多奖项。

小娟之所以能够取得这样的成功，是因为她在工作中具有

思维影响人生
——用黄金思维解决生活难题

自动自发的精神。具有这种精神的人，往往能创造别人无法创造的机会和价值。另外，在智慧的层面上，小娟还有十分突出的一点——"换地方打井"。

"换地方打井"就是要学会开拓新思路。

"换地方打井"是"创新思维之父"、著名思维学家德·波诺提出的概念，用来形容他提出的平面思维法。

对于平面思维法，德·波诺的解释是："平面"是针对"纵向"而言的。纵向思维主要依托逻辑，只是沿着一条固定的思路走下去，而平面思维则是偏向多思路地进行思考。

德·波诺打比方说："在一个地方打井，老打不出水来。具有纵向思维方式的人，只会嫌自己打得不够深，而增加努力程度。而具有平面思维方式的人，则考虑很可能是选择打井的地方不对，或者根本就没有水，所以与其在这样一个地方努力，不如另外寻找一个更容易出水的地方打井。"

纵向思维总是使人们放弃其他的可能性，大大局限了创造力。而平面思维则不断探索其他的可能性，所以更有创造力。

佛勒是一个靠卖 8 美分一把的小刷子起家的刷子大王。后来，大家看到做刷子有利可图，纷纷生产，结果给他的公司造成了很大的压力。感到竞争激烈的佛勒开始将目光从一般百姓身上移到了军人身上。

当时正是第二次世界大战期间。佛勒精心设计了一种擦枪的刷子，并找到军队的有关人士说："这种特制的刷子，可以将枪刷得又快又好。"

军队接受了他的建议，与他的公司签订了 3400 万把刷子的合同。这种"换地方打井"的策略，使他赚了一大笔钱，更加奠定了他"刷子王国"的地位，让其他竞争者望尘莫及。

任何事物都是由各种不同的要素构成的。我们在遇到某些难以解决的问题时，不妨采取一些措施，来改变事物所包含的某一或某些要素，让事物发生符合"落实"需要的变化，以达到换地方打井的效果。

维生素对人体是必不可少的，但很少有人知道，维生素最早是从米糠中提取出来的，后来，科学家又从新鲜的白菜、萝卜、柠檬等植物中找到了另外的一些维生素。

如果依照通常的观点，米糠除了当饲料外还有什么用？白菜、萝卜除了可以吃还有什么用？

但它的提取物偏偏可以用来改善生命，甚至以此挽救无数人的生命，这就是平面思维和横向思维的结果。

树皮、破布看来毫无用处，但蔡伦用树皮、麻头甚至破布

造纸，正是将这些毫不起眼的东西加以利用，促使人类文明的进程跨出了一大步。

浓烟和热空气是每个人都习以为常的事物，蒙哥尔费兄弟利用浓烟和热空气灌满巨型气球，使热气球成功地载着人在天空中飞翔……

正是不断挖掘这些事物性能的多样性，才使得人类社会不断发展。

平面思维助你打开另一扇成功之门

在这个世界上，有许多事情是我们难以预料的，我们不能控制际遇，却可以掌握自己；我们无法预知未来，却可以把握现在；我们左右不了变化无常的天气，却可以调整自己的心情；我们无法改变生活的悲喜，却可以把握看待事物的思维。就像幸运女神不会始终眷顾一个人，生活的苦难也并非不能远离你，只要尝试转换自己的思维，尝试从另一扇门进入，也许可以看到一片不一样的天空。

有这样一个故事：

一家有父子两人。一天早晨，父亲叫儿子去城里打酒。儿子走到一座独木桥旁，刚要上桥，桥那头也有一个人要上桥。两个人互不相让，一直站到中午。

家中的父亲见儿子迟迟不归，便前去寻找。他到了桥头，了解了情况后，便对儿子说："你先回去吃午饭，让我来替你站着。"

故事中的父子两人真够"执着"的，执着得连退后一步都不肯，让人既觉得好笑，又觉得好气。

事实上，生活中也不乏这样的人，思维一根筋，碰到南墙也不知道转向。这种一根筋的思维方式对问题的解决和工作任务的完成是有制约作用的。

在解决问题的过程中，人们遇到困难，应该坚持不懈，有韧劲，不达目的绝不罢休。但有韧劲，并非是要在一棵树上吊死，而应该学会转换思路、转向思考。

所谓转向思考，就是思考问题时，在一个方向上受阻时，换一个路径来思考问题。这就是"打得赢就打，打不赢就走"，是平面思维法的一种表现。

生活中发生的许多改变都源于平面思维的运用。它就像为我们的思路打开了另一扇门，本来棘手的问题立刻变得迎刃而解了。

在美国西北某地，一到冬天，电影院里就常有戴帽子的女观众。她们的帽子很影响后面观众的视线。为此，放映员多次打出"影片放映时请勿戴帽"的字幕，但始终无人理睬。

后来，放映员经人指点，打出了一则通告，通告说："本院为了照顾衰老的高龄女观众，允许她们照常戴帽子，不必摘下。"

这个通告一出，所有戴帽子的女观众都摘下了帽子。因为她们谁都不愿意被看作是衰老高龄的女人。

思维影响人生
——用黄金思维解决生活难题

这则通告的成功，就源于适合女性心理特点的思维转向。如果放映员仍在"让大家摘帽子"上下工夫，恐怕问题还是难以得到解决。

其实，运用平面思维获得成功的例子在我们的生活中随处可见，而且，平面思维的运用并不是一件特别困难的事情，是我们稍加留心、稍加思考就可以做到的。

有一位姓马的老板，他就是因为灵活地运用了平面思维，才获得了生意的成功。

有位杨老板在国道边上开了个饭馆，生意很不景气，眼看着众多的车辆从门前开过，很少有人光顾。他用打折、送汤等吸引顾客的办法，都不起什么作用，最后只好关门大吉，把饭馆盘给这位姓马的老板。这位马老板别出心裁地在饭馆旁边修建了一个很漂亮的公共厕所，并做了一个不收费的醒目牌子。许多长途车司机路过这儿总要停下车，好让旅客们方便，顺便再让大家去饭馆就餐。从此饭馆的生意一天比一天红火，吃饭的人越来越多，不到两年，马老板把小饭馆扩建成三层楼的大饭庄。

杨老板用传统的思维经营饭馆失败了，马老板用平面思维，打开了另一扇成功之门。思维说难也难，要说容易也容易。说它难是因为人的思维存在着惯性，在思考问题时，常常受各种因素的约束，只能采用一种答案，不愿或者根本就想不到去寻找更多的解决方案，这样就容易走入误区，陷入失败的怪圈。

马老板在经营饭店时，他不先考虑"大家都怎么经营"，而先考虑"大家都不做什么"或者"大家还有什么没有做"，然后寻找大家都不做的去做。

不要只钟爱一种方案

平面思维告诉我们，寻找新方案最好的方法，是尝试大量不同的方案，绝不要在刚找到第一种方案时就止步，而要继续寻找其他的方案。

辩证思维不会只钟爱一种方案，因为这千变万化的世界无奇不有，而理想的方案永远不可能只有一个。

思维影响人生
——用黄金思维解决生活难题

如果你只钟爱一种方案，你就看不到其他方案的长处，这不利于平面思维的锻炼，也会失去许多机会。生活的最大乐趣之一，就是能够不断地从过去固定的思维中走出来，这样，你才有可能非常自由地寻找到新的天地。

高考作文题几乎年年都引人注目。有一年的题目是：在一个创新会议上，一位科学家画了圆形、三角形、半圆形和弯月形四种图形，要求从中找出一个最有特点的。最后的答案是：选择其中任何一个图形都是正确的，因为相对于其他三个，它们之中的每一个都"最有特点"。考生要根据这段材料，结合自己的理想、经历，以《答案是丰富多彩的》为题写一篇文章。高考作文谜底一揭开，美籍华人、教育家黄全愈博士立即成为全国众多媒体关注的焦点，原因是6月份黄博士在南京以《素质教育在美国》为主题的演讲中，曾多次以《事物的正确答案不止一个》为内容组织现场讨论，只不过举例中四种不同的图形变成了四种不同的动物。黄博士认为，与高考撞题纯属巧合，但巧合的背后说明素质教育观念已逐渐深入人心。他说，之所以要告诉人们事物的正确答案往往不止一个，其目的在于培养学生要有自己的观点。

正如黄博士所说，正确的答案不止一个，它告诉我们每个人培养平面思维，不断挖掘新的答案有多么重要。正确的答案不止一个，永远不要只钟爱一个方案，这个世界五彩斑斓，每个人都有不同的价值，每个事物都有不同的属性，从不同的角度去看，才会创造出缤纷的世界。

说到这里，我们不得不提起奥莱斯特·平托中校，他是第二次世界大战中美军情报部的官员，也是一个善于探求多种方案的英雄人物。

一次，一个狡猾的纳粹间谍就在他的手里现了原形。

有一天，平托抓住一个自称布朗格尔的可疑分子，凭直觉他认为此人是纳粹间谍，但布朗格尔声称自己是深受德军之害的比利时北部的农民。

平托皱起眉头，问：

"会数数不？"

布朗格尔瞪大了眼睛：

"当然会。"

于是布朗格尔用比利时北部农民惯用的古法文数数，而不是用德语。

平托出了第二道"试题"：他把布朗格尔关在一间屋中，屋门上了锁。到了晚上，平托让几个士兵在屋外点燃几捆草，然后用德语大声喊叫：

"着火了！着火了！"

但是布朗格尔没有求救。

平托用法语呼喊：

"着火了！"

布朗格尔立即跳起来去开门，门开不开，他就又喊又撞，

思维影响人生
——用黄金思维解决生活难题

布朗格尔又"及格"了。

第二天，平托与一个军官走到布朗格尔身边，先用法语跟布朗格尔打了招呼，然后扭头用德语对身旁的军官说：

"真可怜！他还不知道今天上午就要被绞死。他是纳粹间谍，我们只能这样。"

布朗格尔无动于衷，他再闯一关。

很多人都觉得平托这次弄错了，可是平托并不这样认为。

于是，他又实施了他的第四套方案。他找来一个农民与布朗格尔交谈。事后，农民告诉平托："没错！他是个农民，很在行。"

最后，平托决定释放布朗格尔。

平托让人把布朗格尔带进他的办公室，递给他一个文件。布朗格尔平静地看着平托在文件上签了字。

这时，平托对布朗格尔说："好了！你自由了，你现在可以走了！"

布朗格尔的眼睛中闪现出一道喜悦的光，但他的脸瞬间就垮了下来，因为平托中校说的是德语。

原来这是平托的第五套方案。既然传统的方法不行，那么就只好换个新的，利用人的得意忘形的心理。

几天后，纳粹间谍布朗格尔被处决了。

盟军最高统帅艾森豪威尔将军对平托中校的评价是："当今世界上首屈一指的反间谍专家！"

可能对很多人来说"事不过三"，当三种方法都不能够解决问题的时候，他们想到的是放弃，但是平托却为了搞清一个问题想出了五种解决方法，也因此获得了成功。

多寻找一种解决方案，起初也许你会感觉到多此一举，而从平面思维中受益的人会告诉你：那是必需的，也是卓有成效的。同时，这也是成功人士所必须具备的素质和能力。

换一条路走向成功

通往成功的道路并不只有一条。有时，当我们在一条路上受阻时，可以尝试运用平面思维法，独辟蹊径，以达到我们的目标。

凯瑟琳从父亲那里明白了这个道理，也是这个理念使她获得了最后的成功。

凯瑟琳的理想是成为时装设计师。当小凯瑟琳在这方面初露身手并获得小胜后，她发现在高手如云的服装界，要想成为出类拔萃的时装设计师真是太困难了。摆在她面前的只有两条路，要么承认此路不通，败下阵来；要么运用自己的智慧和创造力去另辟蹊径。

凯瑟琳不愿认输，但是，却没有人对她这个无名小辈的设计图纸感兴趣。

有一天，凯瑟琳遇到一位朋友，她穿了件漂亮的毛衣，色调朴素，但毛衣的织法不同于一般毛衣。她从朋友处得知，这是维迪安太太从亚美尼亚的农妇那儿学会的。

思维影响人生
——用黄金思维解决生活难题

猛然间，凯瑟琳脑中闪过一个大胆的想法：我可以把这种图案织在线衫上，而且我干吗不自己开一家时装店呢？

凯瑟琳画了一幅粗线条黑白两色的蝴蝶图交给这位维迪安太太，让她把这图案织成一件线衫。线衫织出来漂亮极了，凯瑟琳穿上它来到一个时装设计师们常常聚集的餐馆。果然不同凡响，一家颇具规模的商场经理当场就订了 40 件，并让凯瑟琳两周内交货，她万分兴奋地签了约。

没想到一盆冷水当头浇来，当凯瑟琳找到维迪安太太，她说："织你那件线衫用了我一星期时间，你想让我两周织出 40 件，那不是天大的笑话！"

凯瑟琳顿时从头凉到脚。眼看唾手可得的成功却又走进了死胡同。她丧气地离开了维迪安太太，突然，凯瑟琳停住了脚步，一定还有别的路子。

虽说这种织法是一种特殊技法，但是巴黎肯定还有一些懂得这样技法的亚美尼亚妇女。

凯瑟琳又回到维迪安太太那儿，向她讲明自己的打算。她实在不敢认可，但还是答应帮忙。

凯瑟琳和维迪安太太都成了"侦探"，在巴黎茫茫人海中追踪亚美尼亚人，对于每一个亚美尼亚人，她们都穷追不舍，往往认识一个人便能挖出一群人。终于她们找到了20位妇女。这20位妇女都很精通这种技法。两周后这批线衫完工了。凯瑟琳新开张的时装店的首批货被运往美国。

　　最终，凯瑟琳成了国际著名的服装设计师。

　　当你面对困难，无法用常规的办法或思路来解决问题时，你是否想过尝试其他的解决之道呢？

　　无论是生活还是工作，通往目的地的路都不止一条。如果顺着一条路无法到你想去的地方，你就尝试走另外一条路吧！

　　无独有偶，日本的一家商店也是因为走了另外一条路取得了经营的成功。

　　川美子是日本一家内衣公司的职员，她在工作中发现了这样一个问题：顾客在试穿内衣时先要脱外衣，如果试一件不合身接着再试时，是很麻烦的事情，而且多少有些尴尬。并且有不少顾客反映试衣室过小，换衣服不方便。

　　川美子想，如果能在自己家里邀集三五位邻居或女友，一起挑选公司送来的内衣，有中意的式样当场试穿，这种场合气氛亲切，最适宜妇女购买内衣。

　　她把这个建议告诉了经理。经理觉得很好，便决定采取这种方式来销售内衣，并配合这种销售方式作出了一些规定：凡是在家庭联欢会上一次购买1万日元以上的顾客，就能获得该

思维影响人生
——用黄金思维解决生活难题

公司"会员"资格，今后购买内衣可享受七五折的优惠；会员如在 3 个月内发起家庭联欢会 20 次以上，销售金额超过 40 万日元，就能成为本公司的特约店，可享受 6 折优惠。如果在 6 个月内举办家庭联欢会 40 次以上，销售金额超过 300 万日元，就能成为本公司的代理店，享受零售价一半的批发优惠。

采取这种销售方式以后，这家内衣公司获得了迅速的发展。10 年以后，该公司年销售额达 200 亿日元以上，成为日本内衣业的后起之秀，被舆论界称为"席卷内衣业的一股旋风"。

如果你是内衣店的职员或是负责人，你会怎么想？是将试衣室扩大、在店堂里布置更舒适的试衣环境，还是其他？相信大多数人都会围绕着内衣店里的试衣环境做文章，寻找让顾客更满意的方案。让顾客感到舒适自在，愿意购买内衣是内衣店的目的，但是扩大试衣室将会压缩销售区的面积，而改善试衣环境也同样不能让所有顾客满意，这都对内衣销售没有很大的促进。而川美子想到的却是完全不同的销售方式。

还有哪里比自己家里更自在舒适？为什么我们不能将销售从店铺向消费者家中转移？这样会让顾客更加满意，比在店铺内改善试衣室更有效果，同样提高了内衣的销售量和销售额。

这个故事向我们证明了，通向成功的道路不止一条，当所采取的措施并不能收到良好的效果时，不妨运用平面思维法，从其他的层面和其他的视角入手，"换个地方打井"，往往能够更顺利地推进项目的进程，取得更大的成功。

给自己多一点选择

澳大利亚有个红色电话公司，在过去，红色电话保持着很高的营业额纪录，但最近却遇到了困难：在澳大利亚本地电话是不计时的，只要支付了起始价，用户就可以长时间地通话。这种长时间通话大大减少了红色电话公司的收入，因为长时间占线的电话阻碍了其他想短时间通话的用户。而红色电话公司只能按电话的次数来收取费用，却不计每次通话时间的长短。有人想过对通话时间进行限制，也有人提出加收长时间通话的费用，但是这些方案都会使红色电话公司在与其他公司的竞争中处于劣势，最终，该公司的创始人想到了一种新方法。他安排红色电话听筒的制造商们在听筒内加入了很多铅，使听筒变得比原来重，因而让客户感到长时间通话比较累。显然，这个方法奏效了，直到今天，红色电话公司的听筒都比一般听筒要重。

生活中的许多问题都与红色电话公司的遭遇类似，在我们考虑解决方案时，也绝不能抓住一个方案不放手，准备多种方案，从中寻找出最佳的一个。

这一点，牛仔裤的发明者李维·施特劳斯为我们做了表率。

1850 年，一则令人惊喜的消息为人们带来了无穷的希望和幻想：美国西部发现了大片金矿。于是，无数个想一夜致富的人带着各自的淘金梦如潮水一般涌向人迹罕至、荒凉萧条的西

思维影响人生
——用黄金思维解决生活难题

部不毛之地。

李维·施特劳斯当时很年轻，他渴望冒险，渴望大干一场，他想通过自己的劳动，赌一把，于是他放弃了原来那个安稳但是无味的文员工作，加入到浩浩荡荡的淘金人群之中。

但当李维经过漫长的路程，来到美国旧金山之后，他才发现这并不是一个遍地黄金的地方，他也并不是第一个去淘金的人，几天过后，原来的激情与梦想就被失望与迷茫所替代了。

李维用他看到的、体验到的，来思考自己的出路，他发现，淘金的人越来越多，他们需要很多帐篷和工具，而这里离生活中心很远，买东西十分不方便。为什么不开一家日用品小店呢？李维毅然放弃了淘金梦，而是从淘金者身上开始自己新的梦想。

小店开张了，生意很不错，来光顾的人络绎不绝，甚至有的产品还脱销了。很快，李维的成本就收回来了，开始真正赚钱了。

但是，过了一段时间，李维发现搭帐篷帆布不如其他商品卖得快了，这是为什么呢？有一天，他向一位来买工具的淘金者问原因。

那人告诉他说："我已经有一个帐篷了，没必要再搭一个。我需要的是像帐篷一样坚硬耐磨的裤子，你有吗？我每天都要跪在地上去分拣矿砾，工作很艰苦，衣裤经常要与石头、沙土摩擦，棉布做的裤子不耐穿，几天就磨破了。所以我需要一条

耐磨的裤子，不至于几天就要重新买裤子。"

　　李维·施特劳斯感到很惊奇，他从来都没有过这个问题。这位淘金者的话无疑给了他启发。如果用这些厚厚的帆布做成裤子，肯定结实又耐磨，说不定会大受欢迎呢！反正这些帆布也卖不出去，何不试试做成裤子呢？

　　于是，他灵机一动，用带来的厚帆布效仿美国西部的一位矿工杰恩所特制的一条式样新奇而又特别结实耐用的棕色工作裤，向矿工们出售。

　　1853 年，第一条帆布工装裤在李维·施特劳斯的手中诞生了。一开始仅有几人向他购买，但不久，裤子耐穿、耐磨的

思维影响人生
——用黄金思维解决生活难题

性能凸显出来，大量的淘金者都购买了这种当时被工人们叫作"李维牌工装裤"的裤子。

"李维牌工装裤"以其坚固、耐磨、穿着舒适获得了当时西部牛仔和淘金者的喜爱。大量的订货单纷至沓来。李维·施特劳斯不再开日用品店。李维正式成立了自己的公司，开始了"Levi's"这个著名品牌的漫漫长路。

但李维·施特劳斯的思路并没有停止，他不满足于牛仔裤目前的式样，而是希望能用一种既软又耐磨的布料来代替。

他开始寻找新的面料，注意搜罗市场上的信息。终于有一天，他发现欧洲市场上畅销的一种布料，它是法国人涅曼发明的，是一种蓝白相间的斜纹粗棉布，兼有结实和柔软的优点。

李维·施特劳斯看了样布，他立即决定从法国进口这种名为"尼姆靛蓝斜纹棉哔叽"的面料，专门用于制作工装裤。结果，用这种新式面料制作出来的裤子，结实柔软，样式又美观，而且穿着舒服，再次受到淘金工人的欢迎。

这次换用新的布料，在牛仔裤发展史上具有重要意义。此后，这种用靛蓝色斜纹棉哔叽做成的工装裤在美国西部的淘金工、农机工和牛仔中间广为流传，靛蓝色也成为李维牌工装裤的标准颜色。渐渐地，牛仔裤也受到了欧洲人的喜爱，并在欧洲大陆广泛流行。

虽然初步获得了成功，但李维并没就此满足，他还在继续寻找机会，对牛仔裤进行改进。他想到了用黄铜铆钉钉在裤袋上方的两个角上，这样就可以固定住裤袋。同时他还在裤袋周围镶上了皮革边，这样既美观又实用，有的工人的裤子并没有磨破，但为了美观而去镶边。

李维一直在选择，从选择自己是继续做小职员还是去美国淘金，到是淘金还是干别的，再到放弃自己的日用品店开牛仔裤公司，然后对牛仔裤一次次改进，可以说，李维始终都不满足于自己的生活，当选择摆在他面前时，他总是开创出多条路，供自己选择。而当自己有一条路走的时候，他也愿意再开辟一条新的路，尝试那是不是更好的一条道路。所以，他成功了。

许多问题，我们可以解决，但是采用的方法不一定是最佳的，或许损害了一部分的利益，得到的并非是最好的结果。如果是这样，何不多列出几种方法，给自己多一些选择呢？多重的尝试或许能给你一个最好的方法。

捏合不相关的要素

运用平面思维，要求我们将由外部世界观察到的，创造性地与正在考虑中的问题建立起联系，使其相合，也就是将多种多样的或不相关的要素捏合在一起，以期获得对问题的不同创见。

捏合不相关的要素，就要求我们将视角扩展开来。如果眼睛只盯着一个问题，这往往会阻碍自己发现更新鲜、更充分、更漂亮的材料，因为思维的惯性很容易使自己在一个特定的领

思维影响人生
——用黄金思维解决生活难题

域中作循环思索。这个时候，就需要跳出来，看一看其他领域，从别的地方寻找一些材料以启发自己。

很多富有创造性的设想都源于广泛涉猎多个领域，并将这些看似不相关的要素捏合在一起，使问题得以解决。计算机专家布里克林受到会计学"流水账"的启发，创造了微型计算机的软件工业。数学家冯·诺伊曼通过分析一般人玩扑克牌的行为，创立了博弈论经济模式。第一次世界大战的武器设计家从毕加索和布拉克的立体派艺术中寻找灵感，结果成功地改进了大炮和坦克的伪装。在第二次世界大战中美国人以一种独特的印第安语言为基础，设计了被称为不可破译的电报密码。爱迪生也曾经这样劝导他的同事："留意别人的新颖有趣的设想，只要把它们用在你现在要解决的问题上，你的设想就是有创造性的。"

创造性的洞见，常常需要人们了解不同领域事物之间的间接关系。这些关系起初看起来似乎是不搭边的。我们可以有意识地进行平面思维，将外部世界观察到的与正在考虑中的问题建立起联系，使其相合，也就是将多种多样的或不相关要素捏合在一起，以期获得对问题的不同创见。

1948 年瑞士人发明的尼龙搭扣就是一个很好的例子。

一天，工程师梅斯塔尔打猎回家，他发现在其衣服上挂着一些牛蒡草的子实。在显微镜下，他发现每一个子实都环绕着许多小钩。正是这些小钩使牛蒡子实挂在衣服上掉不下去。

受此启发，他突发奇想：如果在布条上也安上相似的小钩，不就可以用作扣带了吗！他花了 8 年的时间把这个设想变成原始的产品：两条尼龙带，一条上布满成千上万个小钩，而另一条则是更为细小的丝绒。当两条尼龙带合在一起的，就迅速成为一条实用的扣带。这项发明之所以叫尼龙搭（Velcm），是因为它取自两个法语单词，一个是天鹅绒（Velour），一个是钩针编织品（Crochet）。

平面思维还可以理解为，把两个或多个并列的事物交叉起来思考，从而把二者的特点结合起来，使之成为一个新事物。

下面用一个土木工程的问题来说明这种方法的实际应用过程：现在需新建一条穿越沼泽地的汽车道。为解决建路过程中的一些技术问题，请来了一位鸟类专家。他对鸟在沼泽地筑巢的过程了如指掌。也许他对道路问题一无所知，但他却依其对鸟类在沼泽地筑巢的了解提供了如下建议，即可以造一些人工漂流性小岛，这样可以让汽车道以漂流的形式穿过沼泽地。

我们也可以把两个以上的产品强行联系在一起，从而产生独特性的设想。把看来毫无关系的两个产品联系起来，跳跃较大，能克服经验的束缚，产生新设想，开发出新产品。

如将暖水瓶与杯子联系起来，开发出保温杯；将圆珠笔与电子表联系起来，开发出带有电子表的圆珠笔；将圆珠笔与收音机联系起来，开发出带收音机的圆珠笔，等等。

思维影响人生
——用黄金思维解决生活难题

美国加利福尼亚州一个生物学家将机枪与播种机联系起来，发明了机枪播种法。弹丸壳是可溶解的胶囊，含有一定成分的肥料、杀虫剂，内装优良的种子。飞机掠过大片田地，随着机枪声，种子枪弹射入土地，解决了地面人工机具播种慢，空中播种只能播在泥土表面的难题，使平原、丘陵、山地都成为绿色田野。

思维的快速推进，主要靠水平方向的转换，就是不断地从一条思路跳到另一条思路，直到找到合适的方法。在这个过程中，就需要将不相关的因素捏合到一起，进行创造性的关联。

让自己另起一行

最近，林交了女朋友，妹妹忍不住揶揄他："哥，你有了女朋友，那现在我在你心中排第几呀？"

他想也不想，便答："第一。"

妹妹撅着嘴，极度不相信地看着他："怎么可能？少骗人了！"

他狡黠地一笑，然后说："当然排第一，另起一行而已。"

我们在佩服林的机智之余，也不妨想一想他话中的含义。每一个人都期望得到第一，其实要拿第一也容易，只要善于运用平面思维法，让自己另起一行就可以了。

有时，我们常常会为生活中的困难而苦恼，苦于难以找到问题的突破口，苦于难以使自己战胜别人。下面这个故事就告诉我们，遇到这样的困境，我们怎样才能"拿第一"，希望能对大家有所启发。

一位搏击高手参加锦标赛，自以为稳操胜券，一定可以夺得冠军。

出人意料的是，在最后的决赛中，他遇到一个实力相当的对手，双方竭尽全力出招攻击。

当比赛打到中途，搏击高手意识到，自己竟然找不到对方招式中的破绽，而对方的攻击却往往能够突破自己防守中的漏洞，有选择地打中自己。

比赛的结果可想而知，这个搏击高手惨败给对手，无法得到冠军的奖杯，他愤愤不平地找到自己的师傅，一招一式地将对方和他搏击的过程再次演示给师傅看，并请求师傅帮他找出对方招式中的破绽。他决心根据这些破绽，苦练出足以攻克对手的新招，以便在下次比赛时，打倒对方，夺取冠军奖杯。

师傅笑而不语，在地上画了一道线，要他在不能擦掉这道线的情况下，设法让它变短。

搏击高手百思不得其解，怎么会有像师傅所说的办法，能使地上的线变短呢？最后，他无可奈何地放弃了思考，转向师傅请教。

师傅在原先那道线的旁边，又画了一道更长的线。两者相比较，原先的那道线，看来变得短了许多。

师傅开口道："夺得冠军的关键，不仅仅在于如何攻击对方

思维影响人生
——用黄金思维解决生活难题

的弱点，正如地上的长短线一样，如果你不能在要求的情况下
使这条线变短，你就要懂得放弃这条线上，寻找另一条更长的
线。也就是说，你要让自己另起一行，练就一套厉害的招式，
只有你自己变得更强，对方就如原先的那道线一样，也就在相
比之下变得较短了。如何使自己更强，才是你需要苦练的根
本。"搏击高手恍然大悟。

　　搏击较量的不但是力量，更是头脑。如果不能在对方的弱
点上做文章，那么就让自己另起一行，将另外一个更强的招式
练到极致，让自己在另一方面变得更强，以自己之强攻其弱，
就能夺取冠军。

　　在获得成功的过程中，在夺取冠军的道路上，有无数的坎
坷与障碍，需要我们去跨越、去征服。人们通常走的路有两条：
一条路是选择与对手在同一跑道角逐，攻击对手的薄弱环节；
当这条路走不通或不容易走的时候，就要选择另一条路——让自己另起一行，放弃与对手硬拼，增强自己另一方面的实力，这往往才是最有效的夺第一的方法。

将问题转移到利己的一面

生活中我们会遇到许多问题，这些问题的某个方面是对我们不利的，如某人对我们本人或我们的产品持有不好的评价，这时我们所应采取的策略不是消极逃避，也不是围绕问题转来转去，而应该是将对方的视线引到问题的另外一个利己的方面，从这个方面进行阐释，往往可以起到扬长避短的作用，这是平面思维在生活中的又一应用。

下面这两个故事的主人公都是运用平面思维法的高手，让我们来看看他们是怎么做的吧。

商人马库斯在华盛顿开了一个家具店，一天，有一位客户到家具店想购买一把办公椅。马库斯带客户看了一圈后，客户问："那两把椅子怎么卖？"

"这一把是600美元，而那个较大的是250美元。"马库斯说。

"为什么这一把那么贵，我觉得这一把应该更便宜才对！"客户说。

"先生，请您过来坐在它们上面比较一下。"马库斯说。

客户依照他的话，在两把椅子上都坐了一下，一把较软，而另一把稍微硬一些，不过坐起来都挺舒服的。

思维影响人生
——用黄金思维解决生活难题

等客户试坐完两把椅子后，马库斯接着说："250美元的这把椅子坐起来较软，觉得非常舒服，而600美元的椅子您坐起来感觉不是那么软，因为椅子内的弹簧数不一样。600美元的椅子由于弹簧数较多，绝对不会因变形而影响到坐姿。不良的坐姿会让人的脊椎骨侧弯，这样就会引起腰痛，光是多出弹簧的成本就要多出将近100美元。同时这把椅子旋转的支架是纯钢的，它比一般非纯钢椅子寿命要长一倍，不会因为长期的旋转或过重的体重而磨损、松脱，因此，这把椅子的平均使用年限要比那把多一倍。

"另外，这把椅子看起来没有那把那么豪华，但它完全是依人体科学设计的，坐起来虽然不是软软的，但却能让您坐很长的时间都不会感到疲倦。一把好的椅子对于一个长期坐在椅子上办公的人来说，确实是很重要的。这把椅子虽然不是那么显眼，但却是一把精心设计的椅子。老实说，那把250美元的椅子中看不中用，是卖给那些喜欢便宜货的客户的。"

"还好只贵350美元，为了保护我的脊椎，就是贵1000美元我也会购买这把较贵的椅子。"客户听了马库斯的说明后说道。

杰拉德是一家笔记本电脑公司的推销员。一次，他去拜访一位工程师，这位工程师想买一批比较轻的电脑好出差用，在与杰拉德面谈时，这位顾客说出了他的抱怨："我觉得你们的笔记本有点重。"

"您为什么会觉得重呢？"杰拉德问。

"你看，你的笔记本有 2.6 公斤，而有一家公司的笔记本重量只有 2 公斤。"

"重量为什么对您这么重要呢？"

"因为使用电脑的工程师经常在外面出差，他们希望重量能够轻一些，尺寸小一些。"

"我知道了。笔记本电脑是工程师的工作工具，这对于他们在外面工作是非常重要的。对于这些工程师来讲，您觉得还有什么指标比较重要呢？"

"除了重量，还有配置，例如 CPU 速度、内存和硬盘的容量，当然还有可靠性和耐用性。"

"您觉得哪一点最重要呢？"

"当然是配置最重要，其次是可靠性和耐用性，再后来是重量。但是重量也是很重要的指标。"

"每个公司在设计产品的时候，都会平衡其性能的各个方面。如果重量轻了，一些可靠性设计可能就要牺牲掉。例如，如果装笔记本的皮包轻一些，皮包对电脑的保护性就会弱一些。根据我们的了解，我们发现客户最关心的是可靠性和配置，这样不免牺牲了重量方面的指标。事实上，我们的笔记本电脑采用的是铝镁合金，虽然铝镁合金重一些，但是更坚固。而有的笔记本为了轻薄，采用飞行碳纤维，坚固性就差一些。"

"有道理。"

"根据这种设计思路，我们笔记本的配置和坚固性一直是业

思维影响人生
——用黄金思维解决生活难题

界最好的。您对于这一点有疑问吗？"

"鱼与熊掌不能兼得了。"

"您的比喻十分形象。我们在设计产品的时候更重视可靠性和配置，而这一点却增加了它的重量。但这个初衷也符合您的要求，您也同意可靠性和配置的重要性。再说只是重 0.6 公斤而已，不是个大数字，是吗？"

"对，你说得不错。"

在杰拉德的劝说下，客户订购了 15 台手提电脑。

不可否认，马库斯与杰拉德都是优秀的推销员。他们的共同点就是善于转移问题的焦点，让客户的视线从产品的缺点转移到产品的优点，而且让客户自己认识到，有这样的优点，缺点已经无足轻重了，巧妙地运用平面思维法将问题转移到了利己的一面。

由此可见，平面思维法的运用并非一件难事，有时要做的只是让对方的视线从 A 转到 B 即可，也许 A 是对己不利的，B 对己有利，A 也就无足轻重了。只要在生活中稍稍用心，我们也可以做到。

思维影响人生
——用黄金思维解决生活难题

第六章

联想思维——风马牛有时也相及

举一反三的联想思维

相传，古时有一位皇帝曾以"深山藏古寺"为题，招集天下画匠作画。最后选了 3 幅画。第一幅画在万木丛中显露出古寺一角，第二幅画在景色秀丽的半山腰伸出了一根幡，第三幅画只见一个老和尚从山下溪边挑水，沿着山路缓缓而上，而远处只见一片山林，根本无从寻觅寺庙踪迹。

皇帝找大臣合议后最终选了第三幅画。为什么要选第三幅画呢？因为"深山藏古寺"的画题虽然看似简单，但包含一个"深"和一个"藏"字，这就需要画家去思考，看如何将这两个意思体现出来。第一幅画太露，"万木丛中显露出古寺一角"，体现不出"深"、"藏"的意思；第二幅似乎好一些，但一根幡仍然点明此处是一座庙宇，只不过给树丛包围，一下子看不到其全貌而已，仍然达不到"深"、"藏"的要求；第三幅画，以老和尚挑水，体现老和尚来自"古寺"，而老和尚所要归去之处，即寺庙"只在此山中，云深不知处"，足以见此"古寺"藏在深山中。看到此画的人莫不惊叹作者巧妙的构思和奇特的想象，而这幅画也当之无愧地独占鳌头。

思维影响人生
——用黄金思维解决生活难题

这个故事能给我们思想上什么启发呢？最大的启发是第三幅画的作者在构思这幅画时运用了丰富的联想，使人从"和尚"自然联想到"寺庙"，从"老和尚"再进一步联想到这座寺庙年代已经很久远了，是座"古寺"，从老和尚挑水沿着山路缓缓而上，而远处只见一片山林不见寺庙，联想到这座"古寺"被深深地藏在山中。

正因为该画的作者运用了意味无穷的联想思维，才使见到此画的人为其巧妙的构思和画的意境所折服。

那么，什么是联想思维呢？

联想思维是指人们在头脑中将一种事物的形象与另一种事物的形象联系起来，探索它们之间共同的或类似的规律，从而解决问题的思维方法。它的主要表现形式有连锁联想法、相似联想法、相关联想法、对比联想法、即时联想法等。

联想的妙处就在于使我们可以从一而知三。运用联想思维，由"速度"这个概念，我们的头脑中会闪现出呼啸而过的飞机、奔驰的列车、自由落体的重物等。

联想是心理活动的基本形式之一。联想与一般的自由想象不同，它是由表象概念之间的联系而达到想象的。因此，联想的过程有逻辑的必然性。

相传，古时有人经营着一家旅馆，由于经营不善濒临倒闭。正好碰上一位智者经过这里，就向旅馆老板献策：将旅馆重新装饰。到了夏日，将墙面涂成绿色；到了冬日，再将墙面饰成粉红色。旅馆老板按智者所说的做了之后，果然很是吸引顾客，生意渐渐兴隆起来。其中的奥秘在哪儿呢？

原来，智者运用的是人们的联想思维，让一种感觉引起另一种感觉。这种心理现象实际上是感觉相互作用的结果。

上述事例就是通过改变颜色，使不同颜色产生不同的心理效果，从而起到吸引顾客的作用。一般认为绿色、青色和蓝色等颜色能使人联想到蓝天和大海，使人产生清凉的感觉，这些颜色称为冷色。而红色、橙色和黄色等颜色能使人联想到阳光和火焰而产生温暖的感觉，这些颜色称为暖色。

联想是创意产生的基础，在创意设计中起催化剂和导火索的作用，联想越广阔、越丰富，就越富有创造能力。许多的发明创造就是在联想思维的作用下产生的。

春秋时期有一位能工巧匠鲁班，有一次他上山伐木时，手被路旁的一株野草划破，鲜血直流。

为什么野草能划破皮肉呢？他仔细观察了那株野草之后，发现其叶片的两边长有许多小细齿。他想，如果用铁条做成带

思维影响人生
——用黄金思维解决生活难题

小齿的工具，是否也可将树划破呢？

依着这个思路往下走，锯子被发明出来了。

鲁班由草叶上的小细齿联想到砍伐工具，为建筑工程提供了便利。无独有偶，小提琴的产生也源于一个人的联想思维。

1000 多年前，埃及有位音乐家名叫莫可里，一个盛夏的早晨，他在尼罗河边悠闲地散步。偶然间，他的脚踢到一个东西，发出一声悦耳的声响。他拾起来一看，原来是一个乌龟壳。莫可里拿着乌龟壳兴冲冲地回到家里，再三端详，反复思索，不断试验，终于根据龟壳内的空气振动而发声的原理，制出了世界上第一把小提琴。莫可里从乌龟壳发出的声音联想到了乐器。正是由于联想思维的运用，从而造就了当今世界上无数人为之陶醉与享受的西洋名乐乐器。

如果不运用联想思维，是很难从草叶、乌龟壳产生灵感创造出锯子和小提琴的。但是，联想思维能力不是天生的，它需要以知识和生活经验、工作经验为基础。基础打好了，就能"厚积而薄发"，联想也随之"思如泉涌"。

展开锁链般的连锁联想

有人说："如果大风吹起来，木桶店就会赚钱。"

这两者是怎么联系起来的呢？

原来它经历了下面的思维过程：当大风吹起来的时候，沙石就会满天飞舞，这会导致盲人的增加，从而琵琶师父也会增多，越来越多的人会以猫的毛代替琵琶弦，因而猫会减少，结果老鼠的数量就会大大增加。由于老鼠会咬破木桶，所以做木桶的店就会赚钱了。

上面的每段联想都十分合理，而获得的结论却大大出乎人们的意料。

由风想到沙石，又联想到"致盲"，再联想到"琵琶师父"，之后联想到"猫毛"，再联想到"老鼠猖獗"，联想到"老鼠咬破木桶"，最后联想到"木桶店赚钱"。这样一环紧扣一环，如一条连接着许多环节的锁链般的联想，我们称之为连锁联想。

连锁联想法在生活中有许多应用实例，"天厨味精"的命名过程就体现了这种方法的智慧。

吴蕴初，江苏嘉定人，是我国著名的"味精大王"。当年，在为其出产的味精命名时，他颇费了一番脑筋。

在此之前，中国没有自己的"味精"，占领中国市场的是日本的"味之素"。吴蕴初不想用这个名，那又取个什么名字好呢？

人们把最香的东西叫香精，把最甜的东西叫糖精，那把味道最鲜的东西就叫味精吧。他接着又想，生产的味精该叫什么牌子呢？他由味精是植物蛋白质制成的，是素的东西，联想到吃素的人；由吃素的人，他联想到他们一般都信佛；住在天上，为佛制作珍奇美味的厨师自然是最好的，于是他决定将他的味精取名为"天厨味精"。

天厨牌味精问世后，通过声势浩大的广告宣传，以及后来

思维影响人生
——用黄金思维解决生活难题

正好适应国人抵制日货的反日情绪，"完全国货"的天厨味精，不久便打开了国内市场。

天厨味精由此声名鹊起。

发明创造也是一个链条，运用"连锁联想"取得的发明成果也是一串一串的。从中我们也可以看到联想的方法和诀窍。

1493 年，哥伦布在美洲的海地岛发现当地儿童都喜欢把天然生橡胶像捏泥丸一样捏成一团，捏成弹力球。哥伦布将这种树木引入了欧洲。但是，这种生橡胶的性能不太好，受热易变形、发黏，受冷又易发脆。因此，它的功能受到了限制。后来美国的一个发明家在橡胶里加入了硫黄，这使橡胶的熔点、牢固度大大增强，后来又有人在橡胶中加入了炭黑，使之更加耐磨，橡胶的用途也日益增加。

苏格兰有一家用橡胶生产橡皮擦的工厂。一天，一名叫马辛托斯的工人端起一大盆橡胶汁往模型里倒，一不小心，脚被绊了一下，橡胶汁淌了出来，浇到了马辛托斯的衣服上，下班后，马辛托斯穿着这件被橡胶汁涂了一大块的衣服回家，正巧路上遇到了大雨。回家换衣服时，马辛托斯惊奇地发现，被橡胶汁浇过的地方，竟没有渗入半点雨水。善于联想的马辛托斯立即想到，如果把衣服全部浇上橡胶汁，那不就变成了一件防雨衣吗？雨衣也就应运而生了。

由于天然橡胶产量有限，人们又通过对橡胶成分的研究，生产出了各种各样的合成橡胶，这种橡胶为高分子合成，它具有耐腐耐磨、耐高温、耐氧化等特点，通过人们不断努力，橡胶终于从孩子手中的弹力球发展成一种具有广泛用途的高分子材料。目前，全球橡胶制品在 5 万种以上，一个国家的橡胶消耗量和生产水平，成了衡量国民经济发展特别是化工技术水平的重要指标之一。

由弹力球到雨衣，再到车轮胎、鞋等，人们的联想一环套一环，犹如步步登高，把人们引入更高的创造境界，这就是连锁联想法的奇妙之处。

千变万化的客观事物，正是由于组成了环环紧扣的彼此制约牵制的锁链，才使世界保持了相对的平衡与和谐。这也是我们进行连锁联想的一个前提依据。恰当地应用这种方法，相信会有越来越多的创造性事物产生。

根据事物相似性进行联想

相似联想思维法是指根据事物之间的形式、结构、性质、作用等某一方面或几方面的相似之处进行联想。将两种不同事物间某些相似的特征进行比较。格顿伯格看到榨汁机时，想到了印刷机；叉式升降机的发明者，是从炸面饼圈机得到启发的。他们都运用了类比的方法。运用这个方法的具体做法是：看看它像什么或它让你想起了什么，还可以提出更具体的问题，如："它听上去像什么？""它的味道像什么？""它给人的感觉怎样？""它的功能像什么？"

正如俄罗斯生理学家马格里奇所言："独创性常常在于发现两个或两个以上研究对象或设想之间的联系或相似之处，而原来的这些对象或设想彼此没有关系。"

这种方法在科研创造领域有着较为广泛的应用。

航天飞机、宇宙飞船、人造卫星等太空飞行器要进入太空持续飞行，就必须摆脱地心引力，这就要求运载它的火箭必须提供强大无比的能量。同时，太空飞行器自身重量越轻，就越能减轻运载火箭的负担，也就能使太空飞行器飞得更高、更远。

因此，为了减轻太空飞行器的重量，科学家们绞尽脑汁，与太空飞行器"斤斤计较"。可是减轻太空飞行器的重量，还要考虑到不能降低其容量和强度，要达到上述目的相当困难。科学家们尝试了许多办法都无济于事。最后还是蜜蜂的蜂窝结构让科学家们解决了这个难题。

大家知道，蜂窝是由一些一个挨一个，排列得整整齐齐的六角形小蜂房组成的。18世纪初，法国学者马拉尔琪测量到蜂窝的几个角都是有一定规律的：钝角等于109° 28′，锐角为70° 32′。后来经过法国物理学家列奥缪拉、瑞士数学家克尼格、苏格兰数学家马克洛林先后多次的精确计算，得出一个结论：要消耗最少的材料，而制成最大的菱形容器，它的角度应该是109° 28′和70° 32′，也就是说，蜜蜂蜂窝结构是容积最大且最节省材料的。

但从正面观察蜂窝，它是由一些正六边形组成的，既然如此，那每一个角都应是120°，怎么会有109° 28′和70° 32′呢？这是因为蜂窝不是六棱柱，而是底部由3个菱形拼成尖顶构成的"尖顶六棱柱"。我国数学家华罗庚准确指出，在蜜蜂身长、腰围确定的情况下，尖顶六棱柱的蜂房用料最省。

上述蜂房结构不正是太空飞行器结构所要求的吗？于是，在太空飞行器中采用了蜂房结构，先用金属制造成蜂窝，然后，再用两块金属结构，这种结构的太空飞行器容量大、强度高，且大大减轻了自重，也不易传导声音和热量。因此，今天我们见到的航天飞机、宇宙飞船、人造卫星都采用了这种蜂房结构。勤劳的蜜蜂们也许不会想到，它们的杰出构思被人类借鉴应用，使人类飞上了太空。

以上蜂房结构的应用是一个典型的相似联想的例子。运用相似联想法的一个关键点就是寻找事物之间的共同点、相似点。世界上没有两片完全相同的树叶，同样，世界上也没有两片完全不同的树叶。任何两种事物或者观念之间，都有或多或少的相似点。一旦在思维中抓住了相似点，便能够把千差万别的事物联系起来思考，从而产生新创意。

一位公司职员对刀特别感兴趣，他一直想发明一种价格低廉而又能永保锋利的刀具。他的设想非常好，但要想把它变成现实却并不容易。每次用刀时他都在认真琢磨这件事。

有一次，他看到有人用玻璃片刮木板上的油漆，当玻璃片刮钝以后就敲断一节，然后又用新的玻璃片接着刮。这使他联

想到刀刃：如果刀刃钝了不去磨它，而把钝的部分折断丢掉，接着用新刀刃，刀具就能永保锋利。于是他设计在薄薄的长刀片上留下刻痕，刀刃用钝了就照刻痕折下一段丢掉，这样便又有了新的锋利的刀刃。这位职员从用玻璃片刮木板联想到刀刃，从而发明了前所未有的可连续使用的刀具，后来他创立了一家专门生产这种新式刀具的工厂，从而走上了成功之路。

把爆破与治疗肾结石联想到一起，也可谓是一个伟大的创举。目前的定向爆破技术，能将一幢高层建筑炸成粉末，同时又不影响旁边的其他建筑物。医学家们由此联想到了医治病人的肾结石。这种在医学上被称为微爆破技术的治疗手段，为众多肾结石病人解除了病痛。

找到事物的相似点，往往就能够把不同的事物组合起来。相似联想法的运用，通常使整个事物具有了新的性质和功能，也会给我们带来耳目一新的感觉。

跨越时空的相关联想法

所谓相关联想法，就是指在思考问题时，尽量根据事物之间在时间或空间等方面的联系进行联想。由于世上万物都不是孤立存在的，在空间上或时间上总是有着一定的联系，因此灵活运用相关联想法，常常也能打开思路、作出创新。

苏东坡到杭州任地方官的时候，西湖早已名不副实了。长年累月的泥沙越淤越多，碧波荡漾的西湖成了"大泥坑"。

苏东坡对此黯然神伤。随后多次巡视西湖，反复思考如何加以疏通，使往日风光秀美的西湖重现迷人的风采。

几次巡视后，他发现最棘手的是从湖里清除的大量淤泥无处存放。有一天他忽然想到，西湖有 30 里长，要环湖走一圈，恐怕一天也走不完。如果把湖里挖上来的淤泥堆成一条贯通南北的长堤，既清除了淤泥，又方便了游人，不是很好的办法吗？这时他又联想到，挖掉了淤泥后，可以招募附近的农民来此种麦，种麦所获的收益，反过来作为整治西湖的资金，这样疏通西湖有了钱，挖出来的淤泥也有了去处，西湖附近的农民也增加了收益。西湖不仅有了一条贯穿南北的通道，便利了来往的游客，而且还为西湖增添了一道风景。

苏东坡修西湖运用相关联想法巧妙地解决了问题，他联想到将淤泥做成长堤，又联想到淤泥堆成的地面可以用来做农田，既解决了河道疏通的问题，又增加了农民的收益，真可谓一举

思维影响人生
——用黄金思维解决生活难题

两得。

我们生活中常见的许多创意或创造物，都是相关联想的产物。在澳大利亚曾发生过这样一件事情：在收获季节里，有人发现一片甘蔗田的甘蔗产量竟提高了50%。这是怎么一回事？回想起来，在甘蔗栽种前一个月，曾有一些水泥洒落在这块田里。于是科学家们运用相关联想，发现水泥中的硅酸钙能使酸性土壤得到改良，并由此发明了改良酸性土壤的"水泥肥料"。

再如"人造血"的发明也是科学家们运用相关联想的结果：当时，有一只老鼠掉进了氟化碳溶液中，但它却没有被淹死。于是，科学家们马上联想到这与氟化碳能溶解和释放氧气、二氧化碳有关，并利用氟化碳制成了"人造血"。

1982年2月底至3月初，墨西哥爱尔·基琼火山喷发，亿万吨火山灰直冲云霄。就在大家为火山喷发的壮观景象惊叹时，精明的美国政府已开始调整国内政策，并借机大赚了一笔。

原来爱尔·基琼火山爆发后，美国政府联想到悬浮在空中的火山灰会将一部分从遥远的宇宙射向地球的太阳能反射回去，从而形成大面积低温多雨的天气，造成世界范围的粮食减产。于是，预见到世界各地的粮食生产将会不景气的美国政府便主动调整了国内粮食政策。第二年，世界各国粮食产量果然大幅度下降，而美国政府由于及时采取了相关措施，成了唯一的粮食出口国。

这些都是相关联想的结果。各种事物之间都有着或多或少的关联，只要我们能够转换观察的视角，就会有新的认识、新的看法，给事物以新的意义，而这种新的意义往往蕴含着解决问题的捷径。

即时联想法

爱因斯坦在读中学的时候，一天，看到骤雨过后的天空射下的亮丽光柱，突然想到了这么一个问题：人要是乘坐着以光速飞行的宇宙飞船去旅行将会看到何种景象？爱因斯坦由此展开了自由的联想，踏上了相对论的发现之旅。

科学需要即时联想，艺术也需要即时联想。

一位漫画家在市场上买到了两斤注水猪肉，为商人不讲诚信而愤怒，抓住这件事展开了即时联想，挥笔画出"抗旱"的漫画。漫画把注水肉与抗旱巧妙地联系在一起，农民抗旱浇水用的竟是一头注水肥猪，水流从注水肥猪大口中喷涌而出，让人忍俊不禁。

一位诗人看到篱笆墙上的红花绿叶，展开自由的联想，当场赋诗一首：

思维影响人生
——用黄金思维解决生活难题

"春 / 体面的小偷 / 每每被篱笆抓住 / 被迫交出红花绿叶 / 以及绿油油的鸟音。"诗人的即时联想，见常人之未见，想常人所未想，让人惊叹不已。

做一名万人敬仰的科学家、一名才华横溢的艺术家、一名造福社会的发明家……是许多人的梦想，要实现梦想就要洒下汗水，其中抓住一切可能的机会培养其联想的能力是必不可少的，在生活中注意培养即时联想习惯则是成功的一条捷径。

生活中的每一天也许是普通的，倘若抓住生活的一个片段、一个瞬间，展开即时联想，生活就会无限精彩。夏天消暑吃西瓜是人人都有的经历，由吃西瓜展开即时联想，获得的创意和收获说不定完全会让你吃一惊呢！

买西瓜的时候，摊主往往要把瓜切开一个小口，让人看看是否熟透了，由此联想开去，想到地球仪为什么不能切开，让人了解地球的内部情况呢？于是联想到能透视地球内部的地球仪。设想这种地球仪由几大板块组成，需要了解地球内部时，可随时打开，平时与一般地球仪没有什么区别。

想到西瓜的良种培养，科学家既然能培养出无子西瓜，可以提出开发培养多子西瓜的设想，供瓜子厂使用；可以培养酒味西瓜、苹果味西瓜，等等。

由此我们可以看出，即时联想不受题材、内容、时间的限制，完全可以随时随地天马行空。任何人都不缺想象力，缺的是对想象力的呼唤和培养。即时联想法就是培养想象力的一条捷径。

对比联想：根据事物的对立性进行联想

对比联想法是指由某一事物的感知和回忆引起跟它具有相反特点的事物，从而得出创造或创见的思维方法。

例如：黑与白、大与小、水与火、黑暗与光明、温暖与寒冷。每对既有共性，又具有个性。

由于客观事物之间普遍存在着相对或相反的关系，因此运用对比联想往往也能引发新的设想。比如由实数想到虚数，由欧氏几何想到非欧氏几何，由粒子想到反粒子，由物质想到反物质，由精确数学想到模糊数学，等等，都是对比联想的结果。

鲍罗奇是一位专营中国食品的美国企业家，他的公司注册商标图案原先是一位中国胖墩，在第二次世界大战期间销路很好。但随着时间的推移，采用"胖墩"商标的食品销路越来越差了。

"既然'胖'不行，那么'瘦'怎么样？"鲍罗奇想到。

于是他将商标图案改成了"中国瘦条"，结果这一微不足道的改动，起到了立竿见影的效果。

原来在"二战"期间，肥胖象征着财富与安乐，因此"胖墩"的销路当然不会错。可随着人们生活水平的提高，减肥运

思维影响人生
——用黄金思维解决生活难题

动悄然兴起，这时，"中国瘦条"反而能适应减肥这一新潮流。因此，鲍罗奇运用对比联想做出的这一改动使自己公司的食品销量大增。

同样，当物理学家开尔文了解到巴斯德已经证明了细菌可以在高温下被杀死，食品经过煮沸可以保存后，他大胆地运用对比联想：既然细菌在高温下会死亡，那么在低温下是否也会停止活动？在这种思维的启发下，经过精心研究，终于发明了"冷藏"工艺，为人类的健康保健做出了重要的贡献。

在使用对比联想法的过程中，我们需要将视角放在与目前该事物的特征相对的特点上，并加以巧妙地利用。

铜的氢脆现象使铜器件产生缝隙，令人讨厌。铜发生氢脆的机理是：铜在500℃左右处于还原性气体中时，铜中的氧化物被氢脆无疑是一个缺点，人们想方设法去克服它。可是有人却偏偏把它看成是优点加以利用，这就是制造铜粉技术的发明。用机械粉碎法制铜粉相当困难，在粉碎铜屑时，铜屑总是变成箔状。把铜置于氢气流中，加热到500℃～600℃，时间为1～2小时，使铜屑充分氢脆，再经球磨机粉碎，合格的铜粉就制成了。这里就运用了对比联想法。

18世纪，拉瓦煅烧金刚石的实验，证明了金刚石的成分是碳。1799年，摩尔沃成功地把金刚石转化为石墨。金刚石既然能够转变为石墨，用对比联想来考虑，那么反过来石墨能不能转变成金刚石呢？后来终于用石墨制成了金刚石。

对比联想法在学习中得到广泛的应用，它帮助我们从一个方面联想起另一个方面。两个相反的对象，只要想到一个，便自然而然地会想出相对的那个来。

许多学生有这样的经验和体会：在学习数、理、化知识时，可以把那些各自彼此对立的定理、公式和规律归纳到一起，以便用对比联想法帮助记忆。例如，在记忆圆锥曲线时，对于椭圆、双曲线和抛物线的定义、方程、图形、焦点、顶点、对称轴、离心率等性质，可以用对比联想法记忆。再如，正数和负数、微分和积分、乘方和开方等概念都是对立的，运用对比联想法会收到良好的效果。

思维影响人生
——用黄金思维解决生活难题

第七章

U形思维——两点之间最短距离未必是直线

两点之间最短距离未必是直线

有两只蚂蚁想翻越一堵墙，寻找墙那头的食物。

一只蚂蚁来到墙脚就毫不犹豫地向上爬去，可是当它爬到大半时，就由于劳累、疲倦而跌落下来。可是它不气馁，一次次跌下来，又迅速地调整一下自己，重新开始向上爬去。另一只蚂蚁观察了一下，决定绕过墙去。很快地，这只蚂蚁绕过墙来到食物前，开始享受起来。

第一只蚂蚁仍在不停地跌落下去又重新开始。

很简单的故事，却向我们揭示了一个道理：两点之间最短距离未必是直线。在遇到问题时，我们基本会有两种方法去解决：以直线方法或以迂回的方法。通常，直线方法是我们的首选，因为我们认为两点之间直线最短。但是，许多问题的求解靠直线方法是难以如愿的，这时，采用迂回的 U 形思维去观察思考，或许能使问题迎刃而解。

U 形思维，常常是创新者用来解决难题的一种思考手段。

全自动洗碗机是一种先进的厨房家用电器，是发明家适应生活现代化的创新杰作。然而，当美国通用电气公司率先将全

思维影响人生
——用黄金思维解决生活难题

自动洗碗机摆在电器商场的货架上后，却出人意料地遭到冷遇。

　　无论使用任何手段的广告宣传，人们对洗碗机还是敬而远之。从商业渠道传来的信息也极为不妙，新研发的洗碗机眼看就要夭折在它的投放期内。

　　经过市场调查发现，原来是消费者的传统观念在起作用。人们普遍认为，连十来岁的孩子都能洗碗，自动洗碗机在家中几乎没有什么用，即使用它也不见得比手工洗得好。机器洗碗先要做许多准备工作，增添了不少麻烦，还不如手工洗来得快。而且，自动洗碗机这种华而不实的"玩意儿"将损害"能干的家庭主妇"的形象。一部分人则不相信自动洗碗机真的能把所有的碗洗干净，认为机器太复杂，维护修理肯定困难。还有一些人虽然欣赏洗碗机，但认为它的价格让人不能接受。

　　顾客是"上帝"，他们不购买你的新产品，你总不能强迫他们购买吧。在无可奈何的情况下，公司只好请教市场营销设计专家，看他们有何金点子。智囊们经过一番分析推敲，终于想出一个新办法：建议将销售对象转向住宅建筑商。

起初，人们对该建议普遍持怀疑态度，建筑商并不是洗碗机的最终消费者，他们乐意购买吗？在通用电气公司的公关人员的说服下，建筑商同意做了一次市场实验。他们在同一地区，对居住环境、建造标准相同的一些住宅，一部分安装有自动洗碗机，一部分不装。结果，安装有洗碗机的房子很快卖出或租出去了，其出售速度比不装洗碗机的房子平均要快两个月。这一结果令住宅建筑商受到鼓舞。当所有的新建住房都希望安装自动洗碗机时，通用电气公司生产的自动洗碗机的销售便十分畅通了。

从这个故事中，我们可以发现两条思路：其一，将洗碗机直接向家庭顾客推销，效果不佳；其二，将洗碗机安装在住宅里，借助房产销售卖给了家庭用户，结果如愿以偿。前者是直线思维，后者是 U 形思维。

运用 U 形思维的基本特点就是避直就曲，通过拐个弯的方法，规避摆在正前方的障碍，走一条看似复杂的曲线，却可以尽快到达目的地。这是 U 形思维的智慧，也是 U 形思维的魅力所在。

此路不通绕个弯

当你走在路上，眼看就要到达目的地了，这时车前突然出现一块警示牌，上书四个大字：此路不通！这时你会怎么办？

有人选择仍走这条路过去，大有不撞南墙不回头之势。结

思维影响人生
——用黄金思维解决生活难题

果可想而知，已言明"此路不通"，那个人只能在碰了钉子后灰溜溜地调转车头，返回。这种人在工作中常常因"一根筋"思想而多次碰壁，消耗了时间和体能，却无法将工作效率提高一丁点，结果做了许多无用功。

有人选择驻足观望，不再向前走，因为"此路不通"。却也不调头，想法有二：一是认为自己已经走了这么远，再回头有不甘且尚存侥幸心理；二是想如果回头了其他的路也不通怎么办？结果驻足良久也未能前进一步。这种人在工作中常常会因懦弱和优柔寡断而丧失机会，业绩没有进展不说，还会留下无尽的遗憾。

还有另一类人，他们会毫不犹豫地调转车头，去寻找另外一条路。也许会再次碰壁，但他们仍会不断地进行尝试，直到找到那条可以到达目的地的路。这种人是生活与工作中真正的勇者与智者，他们懂得变通，直到寻找到解决问题的办法，并且往往能够取得不错的成绩。

有这样一则故事。

有一个人得了重病，已经无药可救，而独生子此刻又远在异乡，不能及时赶回来。

当他知道自己死期将近时，怕仆人侵占财产，篡改自己的遗嘱，便立下了一份令人不解的遗嘱：我的儿子仅可从财产中选择一项，其余的皆送给我的仆人。

这个人死后，仆人便高高兴兴地拿着遗嘱去找主人的儿子。

那个人的儿子看完了遗嘱，想了一想，就对仆人说："我决定选择一样，就是你。"这样，聪明的儿子立刻得到了父亲所有的财产。

如果你是那个人，你会怎么做呢？担心仆人侵占自己的财产，但说教、阻止、威胁等手段都无法起到很好的作用，这时该怎么做？其实，故事中的那个人就是采取了迂回的方法，以退为进，先给对方尝点甜头，稳住对方，才能攻无不克。

面对问题、障碍时，不妨绕个圈，从另一个方向入手解决问题，也许会收到不错的效果。

有两家酒店正好开在一条街上，且对街而望，为了抢生意、

思维影响人生
——用黄金思维解决生活难题

拉顾客，两家的店主争相在门口贴广告来拉生意。一家店主在门口贴出广告称：本店以信誉担保，出售的散酒全是陈年佳酿，绝不掺水。他十分得意，认为另一家店不可能做出比自己更好的广告了。另一家的店主见状，思索片刻，提笔在自家门口上写下了另一则广告：本店素来出售的是掺水一成的陈年佳酿，如有不愿掺水者请预先声明，但饮后醉倒与本店无关。说自己的酒不掺水的那家店主不禁洋洋自得，他认为另一家店主实在太傻，竟然告诉别人自己的酒里掺水。谁知，路上行人到此驻足后，纷纷到"掺水一成"的酒店喝酒进餐，而不去那家"绝不掺水"的酒店买酒。

其实同样做广告，前者有些言过其实，将话说满了，反而让人无法相信。后者如果想在广告中直言自己比前者更好似乎已经不可能，于是换个方向，往后退一步，承认自己在酒中掺了水，但与此同时也巧妙地赞誉了自己的商品。

"此路不通"就绕个圈，"这个方法不行"就换个方法，应该成为每个人的生活理念。管理大师彼得斯在写出风靡全球的《追求卓越》一书之前，曾在麦肯锡顾问公司担任顾问，他是个有独立见解的人，因此，在公司里属于非主流派人物。后来，他改变方法，决定由外而内建立自己的信誉。其具体做法是：一些员工不太愿意去外地，他主动去了解情况，并和有关人士接触。这样一来，不仅能够获得新资讯，而且，仅仅一句"我实地看过了，并且就在昨天"就能增加自己说话的分量，在公司里树立自己的扎实的形象与信誉。有了这样的意识，他就拥有了其他员工不具备的优势。还使他的书更有新鲜感和权威性，更能够得到别人的承认。

在煤油炉出现之前，人们生火做饭都是使用木炭和煤。

美国一家销售煤油炉和煤油的公司，为引起人们对煤油炉和煤油的消费兴趣，在报纸上大肆宣传它的好处，但收效甚微，人们继续使用木炭和煤，煤油炉和煤油仍然无人问津。

面对积压的煤油炉和煤油，公司老板决定转换策略。他吩咐下属将煤油炉免费赠送到各家各户，不取分文。就这样，收到煤油炉的住户们尝试着使用它，而没有收到的纷纷打电话向公司询问，并索要煤油炉，在很短的时间内，积压的煤油炉赠送一空。

公司员工们十分不解老板的做法，还有的人怀疑老板是不是急疯了。谁知过了不久，就有一些顾客上门来，询问购买煤油的事；再后来，竟有顾客要求购买煤油炉。原来，人们在使用煤油炉后，发现其优越性较之木炭和煤十分明显。家庭主妇们在炉里原有的煤油用完后，仍然希望继续使用煤油炉，但这时公司不会再白送煤油了，只好掏钱向公司购买。在循环往复中，这家公司的煤油炉和煤油自然久销不衰。

这个案例，也是 U 形思维"此路不通绕个圈"的体现。一个卓越的人，必是一个注重思考、思维灵活的人。当他发现一条路走不通或太挤时，就能够及时转换思路，改变方法，以退

思维影响人生
——用黄金思维解决生活难题

为进，寻找一条更加通畅的路。这一思维特质，是需要我们用心学习的。

顺应变化才能驾驭变化

生活中的小事总会给我们带来许多启示。程亮从一次垂钓中就学到了不少东西。

程亮选了一处有树荫的凉爽处，架好渔竿，上好鱼饵便抛线等待。等了好长时间，却总也不见鱼上钩。而相隔5米的一位老者一个上午已经钓到了4条大鱼。程亮便过去向老者请教，老者听明程亮来意，笑着对他说："小伙子，钓鱼可是一门学问呀！春钓滩、夏钓湾，鱼饵鱼线要常更换。"于是，老者向他介绍了钓鱼的经验，告诉他钓什么样的鱼，就要用什么样的鱼饵、什么样的线。线多长要随水深浅而变化，鱼饵在钩上的摆放也要根据情况而定。即使钓同一种鱼，随着季节的变化，方法也不一样，春天有春天的方法，夏天有夏天的方法，冬天有冬天的方法……

临分别时，老者说了一句让程亮终生受益的话："小伙子！鱼是不会听从你的安排的，它不会照着你的意思上钩。你想钓上它来，就必须改变自己，让你的方式适应鱼的习性。"

钓鱼确实是一门学问。人在岸上，鱼在水里，人怎样才能让鱼上钩呢？要让鱼上钩，就必须先了解鱼的习惯，它喜欢吃什么鱼饵、喜欢怎样吃、喜欢什么时候吃……掌握了这些情况之后，我们就要改变自己，让自己的方法尽量去适应鱼的生活习惯，这样一来，鱼就会咬钩，就会被我们钓上来。

任何事情都不会按照我们的主观意志去发展变化。我们要获得成功，就得首先认识事物的性质和特点，然后再根据实际情况来调整改变自己的思路和行为方式。只有如此，我们才能在顺应事物变化的同时，驾驭变化，走向成功。如果我们想当然地凭自己的想法去办事，这就像钓鱼不知道鱼的习性一样，注定要徒劳无功。

所以，做一切事、解决一切问题，我们都必须随着客观情况的变化而不断地调整自己，不断地采取与之相适应的方法。

几年前，有两个人在北京各自开了一家川菜馆。起初两家餐馆的生意都不错，但两位老板的思路和想法却迥然不同。一位老板总认为川菜是多年流传下来的特色菜，绝不可以更改，一改便没了特色。因此，这家餐馆总是按部就班地经营着自己的老川菜。另一位老板心眼活，他发现北京的餐饮业竞争逐渐激烈起来，喜欢老川菜的人口味也在变化。于是，他便吸收粤菜和湘菜的一些特点推出了新派川菜。这种菜肴既不失川菜的特色，又满足了人们口味的变化，因此，生意越做越火，在北京很快就有了三家连锁店。而那一位固守老川菜思路的老板仍旧维持原样，几年下来还是原地踏步，没有任何发展。

从这两位餐馆老板的故事，我们可以看出，后一位老板之所以成功，就因为他能看清川菜在当地的发展趋势，并顺应了

思维影响人生
——用黄金思维解决生活难题

这一趋势，改变了自己的思路和经营方式；而前一位老板之所以没有发展，就在于他没有认识到大众口味的变化，没有改变自己、顺应变化。

U形思维的表现就是灵活变化，要成功地驾驭变化，就要求我们能够顺应变化，并先从改变自身开始，进而达到自己的目的。

别走进思维的死胡同

生活中，许多人都为遇到的问题而困扰不已。习惯性的思维模式使他们常常抓住一种思路不放手，大有不撞南墙不回头之势。最终，将自己逼进了思维的死胡同，无论怎样努力，都是在原地打转，而不能前进一点。

而思维灵活的人都会针对问题的不同性质而转变思维，他们的思维是活跃的，自然，这样的人更容易取得成功。

小刘下岗后一直找不到好的工作。一天，他在漫不经心地翻阅报纸时，一则广告印入他的眼帘，广告上写着"英雄不问出处"六个大字。那是一家报社招聘编辑、记者的广告。

小刘心想：我是他们所说的英雄吗？虽然小刘只有初中文凭，但他在不同的报纸上发表过30多万字的作品，所以他信心十足。

但是，当小刘前去应聘时，却遭遇对方索要文凭，小刘哪里有什么文凭？他不解地问："不是英雄不问出处吗？"那位同志很奇怪地看了他一眼，然后朝他后面喊"下一位"，就再也不理睬他了，他只得扫兴而归。

虽说因为文凭的事情小刘碰了不少壁，但这一次小刘偏不信这个邪，他发誓非进那家报社不可。从那以后，小刘开始大量向那家报社投稿，丝毫不计较稿费的高低。由于这家报社开了不少副刊，小刘悉心加以研究后，专门为其量身定做，所以他的作品几乎篇篇被采用，甚至还创造过这样的"奇迹"：有一次，其副刊总共只有 7 篇稿子，其中 3 篇是小刘的"大作"，只是署名不一样。

于是小刘的作品被这家报社的编辑竞相争抢，常常是刚应付完文学版的差事，杂文版的差事又来了。有时候他的创作速度稍慢一点，那些编辑就会心急火燎地打电话催稿。

有一天，这家报社的一个编辑找到他，透露了他们即将扩版急需人才的消息，希望他能前去应聘。小刘对他说自己没有文凭。那位编辑表示相信小刘的水平，并说只要他想去，他就跟领导提一下。

第二天，那位编辑就给小刘打来电话，向他转达了他们领导的意思：如果他愿意，现在就可以去上班。

当你不能通过直接的方式达到目的时，为什么不选择另一条迂回曲折的道路呢？那比钻进死胡同要强得多。

不懂"迂回"的人就像是被关在房间里的昆虫，会拼命地飞向玻璃窗，但每次都碰到玻璃上，在上面挣扎很久恢复神志

后，它会在房间里绕上一圈，然后仍然朝玻璃窗飞去，它也许不明白那是一个永远也飞不出去的死胡同。

许多时候，我们又何尝不像那只昆虫，一直在原地转圈，却不肯尝试另外一种途径。殊不知，另外的方法可以巧妙地解除我们的困境，引领我们踏上成功的通途。

有一位退休老人，在一所学校附近买了一栋简陋的住宅，打算在那里安度晚年。

有三个无聊的年轻人，经常在闲着无事的时候用脚踢房屋周围的垃圾桶。附近的居民深受其害，多次阻止他们的恶作剧，结果都无济于事。时间长了，只好听之任之。

这位老人受不了这种噪音，决定想办法让他们停止。

有一天，当这三个年轻人又在狠狠踢垃圾桶的时候，老人来到他们面前，对他们说："我特别喜欢听垃圾桶发出来的声音，所以，你们能不能帮我一个忙？如果你们每天都来踢这些垃圾桶，我将天天给你们每人 50 便士作为报酬。"

年轻人很高兴地同意了，于是他们更加使劲地踢垃圾桶。

过了几天，这位老人愁容满面地找到他们，说："通货膨胀减少了我的收入，从现在起，我恐怕只能给你们每人 30 便士了。"

这三个年轻人有点不满意，但还是接受了老人的条件，每天下午继续踢垃圾桶，可是没有从前那么卖力了。几天以后，老人又来找他们。"瞧！"他说，"我最近没有收到养老金支票，所以每天只能给你们 10 便士了，请你们千万谅解。"

思维影响人生
——用黄金思维解决生活难题

"10便士！"一个年轻人大叫道，"你以为我们会为了区区10便士浪费我们的时间？不成，我们不干了！"

从此以后，老人和附近的居民都过上了安静的日子。

该怎样让这些血气方刚的年轻人停止踢垃圾桶，不再制造噪音呢？是冲出去将这些人训斥一顿，还是苦口婆心教育他们这样妨碍了他人的休息？恐怕这些通常人们所想到的办法都没什么效果，甚至强制性的命令只会让他们变本加厉、适得其反。

但是老人却出人意料地想出了一个好点子，起初奖励他们踢垃圾桶的行为，这是老人"退"的策略，之后逐渐降低奖励额度，也降低了年轻人的热情，从而达到了使年轻人主动放弃这一行为的结果。

U形思维从其根本特征上讲，就要求我们的思路会转弯。我们都知道，在U形管中，是不存在死胡同的，所以，我们在学习运用U形思维为人处世时，切忌将自己的思维禁锢在死胡同中，而应开拓自己的思路，思路打开了，前面的路也变得广阔了。

放弃小利益，赢得大收获

一个年轻人非常羡慕一位富翁一生中在生意场上取得的成就，于是他跑到富翁那里询问他成功的诀窍。

当年轻人把来意对富翁讲了以后，富翁什么也没说，转身到厨房拿来了一个大西瓜。青年迷惑不解地看着，只见富翁把西瓜切成了大小不等的三块。富翁把西瓜放在青年面前说："如果每块西瓜代表一定程度的利益，你会如何选择呢？"说完，就指着切好的西瓜让青年随手挑一块。

青年眼睛盯着最大的那块说："当然是最大的那块了。"

"那好，请用吧。"富翁笑了笑说，然后顺便把最大的那块西瓜递给青年，自己却拿起了最小的那块。在青年还在享用最大的那一块西瓜的时候，富翁已经吃完了最小的那块。接着，富翁微笑着拿起剩下的一块，还故意在青年眼前晃了晃，大口吃了起来。

其实那块最小的和最后一块加起来要比最大的那一块大得多。

青年明白了富翁的意思，虽然富翁吃的西瓜没有自己的大，却比自己吃的要多。

富翁这种"放弃小利益，赢得大收获"的做法正是巧妙运用 U 形思维的结果，暂时的退只是为了下一步的进，而且是更大步伐的前进。

日本丰田汽车公司曾为了确保在日本的销售市场，深谋远虑，从解决城市的汽车与道路的矛盾入手，先后成立了"丰田交通环境保护委员会"，在东京车站和品川车站首次修建"人行道天桥"；还投资 3 亿日元在东京设立了 120 处电子计算机交通信号系统，使交通拥挤现象得到缓解；另外还投资创立了汽车学校培养更多人学会开车；还为儿童修建了汽车游戏场，从小培养他们的驾驶本领。良苦用心最终如愿以偿，汽车销量日益增多，公司效益也相当可观。

丰田缘何营销成功？一言以蔽之：采取"放弃小利益"的以迂为直的营销策略。此招，乍一看，似乎其所做的种种事都是"赔本买卖"，投入了大量资金"做好事"，却不提"卖车"，其实，此乃"醉翁之意不在酒"，这是一种迂回战术。小的投入获取的将是大的回报。

这个事例告诉我们，在利益面前切不可"近视"，只看到眼前的小利，而丢掉长远的利益。短期的投入，看似与收入不成正比，但时机成熟时，必会获得回报。

美国有一家经营新型剃须刀的公司，曾答应经营客户通过新闻等媒体为新剃须刀大力促销。然而，后来这家公司由于内部亏损即将倒闭而被另一公司买下，由于当时审查广告的机构对剃须刀是否是医疗用品争论不休，宣传活动被迫取消。为此客户声明要退回剃须刀。收回剃须刀，对一个刚刚收购的毫无经济实力的公司来说，无疑是一个沉重的打击，这将危害到公司的贷款合约，会被银行抽回资金；然而不收回剃须刀，则与客户建立的关系将毁于一旦。在进退两难之际，公司新的负责人为了不失掉最大潜在客户，只好采取"退"的决策，同意收回剃须刀，同时积极与银行交涉，力争把损失减到最低。按正常发展速度估计，同意退回后，还需经过大致两个月的文书往返，到那时回来的退货已经少了很多，再加上退货之后，还有一个月才需要退还货款，到3个月后，公司一切都已走上了正轨，有能力消化这些损失。和银行方面达成协议之后，结果如预料的那样。3年后，公司业务蒸蒸日上，良好的信誉使这家客户占公司业务的50%，而不是原来的20%。这就是退一步虽失小利，终获大利。

运用 U 形思维，它的要领在于不计眼前利益，着重长远利益，吃小亏，占大便宜。所有的退却都是为将来更大的发展做铺垫。生活中有些人只顾眼前而没有长远打算，这是一种不明智的行为。有时，一些弯路是必走的，迂回而行比盲目向前要可靠得多。

把自己的位置放低一点

俗话讲：退一步路更宽。事实上，退是另一种进。

工作中，应该学会把自己的位置放低一点，从基本工作做起，增强业务能力，积累经验，为自己的事业成功创造条件，一鸣惊人。

刚刚大学毕业的乔治想要进入一家大型的机械公司，但是该公司对人才的要求很高，没有经验的大学生很难被录用。

他先找到公司人事部，提出愿意为该公司无偿提供劳动力，请求公司分派给他任何工作，他愿意不计任何报酬来完成。公司起初觉得这简直不可思议，但考虑到不用任何花费，也用不着操心，于是便分派他去打扫车间里的废铁屑。之后的一年时间里，乔治勤勤恳恳地重复着这种简单而劳累的工作。为了糊

思维影响人生
——用黄金思维解决生活难题

口，下班后他还要去酒吧打工。这样虽然得到老板及工人们的好感，但仍然没有一个人提到录用他的问题。

有一段时间，公司的许多订单纷纷被退回，理由均是产品质量有问题，为此公司将蒙受巨大的损失。公司董事会为了挽救危机，紧急召开会议商议解决办法，当会议进行一大半还未见眉目时，乔治进入会议室。在会上，乔治把这一问题出现的原因作了令人信服的解释，并且就工程技术上的问题提出了自己的看法，随后拿出了自己对产品的改造设计图。这个设计恰到好处地保留了原来机械的优点，同时克服了已出现的弊病。总经理及董事们见到这个编外清洁工如此精明在行，便询问他的背景以及现状。乔治将自己的意图和盘托出，董事们一致决定，聘请乔治为公司负责生产技术问题的副总经理。

原来，乔治在做清扫工时，利用清扫工到处走动的特点，细心察看了整个公司各部门的生产情况，并一一作了详细记录，发现了存在的技术性问题并设计了解决办法。为此，他花了近一年的时间搞设计，做了大量的统计数据，为最后的一展才华奠定了基础。

只有志向远大，才可能成为杰出人物。但要成为杰出人物，光是心高气盛还远

远不够，还必须从最基础的事情做起。在你默默无闻不被人重视的时候，不妨暂时降低一下自己的目标，这样你的视野将更开阔，或许会发现许多意想不到的机会。

一位留美计算机博士学成后在美国找工作。因为有个博士头衔，求职的标准当然不能低。结果他连连碰壁，很多公司都没聘他。想来想去，他决定收起所有的学位证，以一种最低的身份去求职。

不久他就被一家公司录用为程序输入员。这对他来说是大材小用，但他仍然干得认认真真，一点儿也不马虎。不久老板发现他能看出程序中的错误，不是一般的程序输入员可比的。这时他亮出了学士证，老板给他换了个与大学毕业生相称的工作。

过了一段时间，老板发现他时常提出一些独到的有价值的建议，远比一般大学生要强，这时他亮出了他的硕士证书，老板见后又提升了他。

再过一段时间，老板觉得他还是与别人不一样，就对他"质询"，此时他才拿出了博士证书。这时老板对他的水平已有了全面的认识，毫不犹豫地重用了他。这位博士最后的职位，也就是他最初理想的目标。

很多刚走上工作岗位的人，不懂得这种心理，往往希望从一开始就引人注目，夸耀自己的学历、本事、才能，即使别人相信你，在形成心理定式之后，如果你工作稍有差错或失误，往往就被人瞧不起。所以，刚走上工作岗位时应踏实从基础干

思维影响人生
——用黄金思维解决生活难题

起，最终因做出成绩一鸣惊人，这就是 U 形思维，以退为进的妙处。

阳光比狂风更有效

深秋的一个早上，狂风与太阳闲来无事，便谈论起各自的力量，它们都对自己的力量感到满意，彼此不服，都认为自己的力量比对方大。它们争来争去也没有什么结果，最后它们决定让事实来说话：谁能把行人的衣服脱下来，谁就胜利了。太阳一口答应，狂风自以为威力无比，便要求先让自己展示，太阳微微一笑，便躲进了云层。

狂风先是大吸一口气，然后迅猛喷出。只见天昏地暗，飞沙走石，秋后枝头的残叶被席卷一空，一片片飞向高空久久不能落下。它看到自己的威力如此之大，不禁有些洋洋得意，觉得脱下行人的衣服应该绰绰有余。不料，路上的行人却紧紧裹住了自己的衣服。狂风见状，刮得更加猛烈，还直往行人的脖子里钻，企图把衣服也给吹坏。行人冷得发抖，围上了围巾，又添加了更多的衣服。狂风一会儿就吹疲倦了，但却未见一个行人的衣服被自己脱下来，无奈只好让位给了太阳。

太阳不紧不慢从云端露出了笑脸，它开始把温暖的阳光洒向大地，气温渐渐升高起来，行人感觉有些热，便脱掉了外面的衣服；接着太阳又把强烈的光直射向众人，行人们开始汗流浃背，渐渐地忍受不了，于是脱光了衣服，纷纷跳到旁边的河里洗澡去了。狂风见状，只好羞愧地向太阳认输。

这个故事向我们讲述了这样一个道理：在与别人的交往中，如果想让对方认同自己的观点，就不要采取过于强硬的态度，采用 U 形思维，退一步，用柔和的策略，得到的效果会更好。

美国前总统威尔逊说过："假如你握紧两只拳头来找我，我想我可以告诉你，我会把拳头握得更紧；但假如你找我来，说道：'让我们坐下商谈一番，假如我们之间的意见有不同之处，看看原因何在，主要的症结在什么地方？'我们会觉得彼此的意见相去不是十分远。我们的意见不同点少，相同点多，并且只需彼此有耐性、诚意和愿望去接近，我们相处并不是十分难的。"

工程师李强嫌房租太高了，要求减低一点，但是他晓得房东是一个极固执的人。他说："我写给房东一封信说，等房子合同期满我就不继续住了，但实际上我并不想搬家，假如房租能减低一点我就继续租下去。但恐怕很难，别的住户也曾经交涉过都没成功。许多人对我说房东是一位很难对付的人。可是我对自己说：'我正在学习如何待人这一课，所以我将要在他身上试一下，看看有无效果。'

"结果，房东接到我的信后，便带着他的租赁契约来找我，我在家亲切招待他。一开始并不说房租太贵，我先说如何喜欢他的房子，请相信我，我确实是'真诚的赞美'。我表示佩服他管理这些房产的本领，并且说我真想再续住一年，但是我负担不起房租。

思维影响人生
——用黄金思维解决生活难题

"他好像从来不曾听见过房客对他这样说话。他简直不知道该怎样处置。随后他对我讲了他的难处，以前有一位房客给他写过40封信，有些话简直等于侮辱，又有一位房客恐吓他说，假如他不能让楼上住的一个房客在夜间停止打鼾，就要把房租契约撕碎。他对我说：'有一位像你这样的房客，心里是多么舒服。'继之不等我开口，他就替我减去一点房租。我想能多减点，我说出所能负担的房租数目来，他二话不说就答应了。

"临走的时候，他又转身问我房子有没有应该装修的地方。假如我也用其他房客的方法要求他减房租，我敢说肯定也会像别人一样遭到失败。我之所以胜利，全赖这种友好、同情、赞赏的方法。"

阳光比狂风更有效，这一点在企业管理中也是适用的。如何让员工全心全意地工作，是每一个企业管理者都在思索的事情。此时，委婉的柔和策略比直接的严加管束要有效得多。如狂风一样严酷，只会让员工更加警戒和反感；如太阳般的温暖，则会让员工丢掉所有的"装甲"，一心一意地为公司做事。

一屈一伸的弹性智慧

俗话说："大丈夫能屈能伸。"在生活事业处于困难、低潮或逆境、失败时，运用U形思维，掌握"屈"的智慧，往往会收到意想不到的效果，反之，该屈时不屈，必然遭到沉重打击。

中国古代文化的经典著作《周易》提出"潜龙勿用"的思

想，即在一定条件下，寻找时机，卷土重来。孔子在《易系辞》中，则以尺蠖爬行与龙蛇冬眠作比喻，进一步解释什么叫"潜龙勿用"，他说："尺蠖之屈，以求伸也；龙蛇之蛰，以存身也。"这些道理告诉我们，屈是伸的基础，不会屈就不可能伸，受不了委屈的人，最终也成不了大气候。

中国古代的名将韩信，家喻户晓，妇孺皆知，其武功盖世，称雄一时。他还未成名之前，并不恃才傲物，目中无人。相反，倒是谦和柔顺，豁达大度。

有一天，韩信正在街上行走。忽然，前面冲出三四个地痞流氓。只见他们抱着肩膀，叉着双腿，趾高气扬地眯着眼睛斜视韩信。韩信先是一惊，随即便抱拳拱手道："各位仁兄，莫非

思维影响人生
——用黄金思维解决生活难题

有什么事吗？"

其中一个撇了撇嘴，怪笑道："哈哈，仁兄？倒挺会说话，哈哈，我们哥们儿是有点事找你，就看你敢不敢做啦！"

韩信依然很平静地说道："噢？不知是什么事，蒙各位抬举竟然看得起在下？"

那些人都哈哈大笑起来，刚才说话的那人说："哈哈哈，什么抬不抬的，我们不是要抬你，而是要揍你，哈哈哈！"

其他人也跟着阴阳怪气地笑着，指着韩信嘲笑他。

韩信看看他们，依旧平心静气地问："各位，不知小可哪里得罪了大家，你我远日无仇，近日无冤，为何要揍小可，实在令在下如堕雾中，摸不着头脑。"

那人怪笑三声，说："不为什么，只是听说你的胆子很大，今天我们几个想见识一下，看你到底有多大的胆子，是不是比我们哥们儿胆子还要大？"

韩信一听，这不是没事找事嘛，故意为难自己，他心中很是气愤，却又忍住了怒火，面上赔笑道："各位，想是有人信口误传，我韩某人哪里有什么胆子，又岂能跟你们相提并论，我没有胆子，没有胆子。"

那群人轻蔑地望着韩信，听他这样说，依然不肯放他过去。那领头之人，"当啷"一声将宝剑抽出来，往韩信面前一扔，将头向前一伸，对韩信说："看你老实，今天我们不动手，你要有胆子，你把剑拿起来，砍我的脑袋，那就算你小子有种。要不然嘛，你就乖乖地从我的胯下钻过去，哈哈哈！"

韩信望望地上的亮闪闪锋利的宝剑，又看了看面前叉腿仰头而立的地痞头头，皱了皱眉，围观的人早已议论纷纷，都非常气愤，让韩信拿剑宰了这狂妄的小子。

韩信暗暗咬咬牙，却并未去拿那剑，而是缓缓伏身下去，从那人的胯下爬了过去。众人无不惊愕，连那群流氓也站在那里发呆。韩信则立即起身掸尽尘土，头也不回，扬长而去。

从那以后，那群流氓再也没找过韩信的麻烦。而韩信后来功成名就，还提拔当年的那个流氓做了小小的官吏，那人自然是感恩戴德，尽心尽力。

试想当时，如果韩信火冒三丈，一怒之下拾剑杀了那个人，那么必然会有一场恶战。胜负难料不说，纵使是韩信胜了，也免不得要吃官司，平空出横祸，怕是英年早去，误了锦绣前程。

冯梦龙曾经说过，温和但不顺从，叫作委蛇；隐藏而不显露，叫做缪数；心有诡计但不冒失，叫作权奇。不会温和，干事总会遇到阻碍，不可能顺当；不会隐蔽，便会将自己暴露无遗，四面受敌，什么事也干不成；不会用计谋，就难免碰上厄运。所以说，术，使人神灵；智，则使人理智节制。

可见 U 形思维的力量，伸是进取的方式，屈是保全自己的手段。人只有先学会保护自己，才能期望更好地发展自己。能屈能伸是一种战术，只要掌握技巧和分寸，便会无往而不胜。

第八章

灵感思维——阿基米德定律就是这样发现的

激发自己的灵感

1805 年，法国和奥地利重燃战火，两国军队在莱茵河两岸隔河对峙。法国统帅拿破仑想炮击奥军，但必须首先知道莱茵河的宽度，炮弹才能准确地命中目标。可怎样才能测量这条大河的宽度呢？最方便的办法自然是坐船测量，可显然行不通。

拿破仑站在河岸踌躇良久，一时想不出妥当的办法。忽然，他在向对岸眺望时，发现莱茵河对岸的边线在自己的视线中正好擦过头上戴的军帽帽舌的边缘。拿破仑顿时灵机一动，一步步地向后退去，直到他刚才站立处的莱茵河的边线在视线中同样正好擦过自己的帽檐。拿破仑丈量了这两者之间的距离，这就是莱茵河的宽度。

是什么激发拿破仑想出了这样一个巧妙的方法呢？是灵感。

所谓灵感，指的是当人们研究某个问题的时候，并没有像通常那样运用逻辑推理，一步一步地由未知达到已知，而是一步到位，一眼看穿事物或现象的本质。至于这个想法是怎样来到的，谁也说不清楚，"反正是一下子想到的"！

灵感是一位不速之客。我们可以在任意时刻有意识地运用

思维影响人生
——用黄金思维解决生活难题

不同的思维方法，但是却不知道自己在哪一天哪一时刻产生灵感。当你翘首企盼时，它杳如黄鹤；在你毫无准备时，它却可能翩然而临。

灵感常常不期而遇，"众里寻他千百度，蓦然回首，那人却在，灯火阑珊处"。

灵感的产生往往伴随着激情，它会使创造者欣喜若狂，使他们的思维空前活跃，进入一种如痴如醉的状态。

2000多年前，古希腊希洛王请人制造了一顶皇冠，他怀疑制造者掺了白银，但由于拿不出证据，于是便请阿基米德鉴定。

由于皇冠的形状极不规则，阿基米德在接受这个任务后，冥思苦想，不得要领。

有一天，阿基米德在澡盆里洗澡时，由于澡盆中水加得太满，溢出了一些。

为皇冠问题困扰多日的阿基米德豁然开朗：因为一定重量银的体积比同重量的黄金要大，如果皇冠中掺了白银，那么它排出的水肯定比同重量的黄金多！

想到这里，阿基米德跳出澡盆，向王宫奔去，边跑边喊："找到了！我找到了……"

于是，科学界又多了个阿基米德定律。

灵感是在人们头脑中普遍存在的一种思维现象，同时它也是一种人人都能够自觉加以利用的思维方法。有些人说自己从未出现过灵感，这主要是因为还不了解什么是灵感，因而即使头脑中已经出现了灵感，也往往会感觉不深，把握不住。其实，只要对灵感现象的机制、特点，及其出现的某些规律有所了解，并且有一定的捕捉和利用灵感的精神准备与敏感性，那么每一个人都可能会惊喜地发现：自己已经或正在品尝到灵感的甘露。

灵感是长期思索酝酿的爆发

灵感，具有瞬时突发性与偶然巧合性的特征。诗人、文学家的"神来之笔"，军事指挥家的"出奇制胜"，思想战略家的"豁然贯通"，科学家、发明家的"茅塞顿开"等，都说明了灵感的这一特点。而实际上，它也是长时间思索的结果。也许问题一直没有得到解决，但头脑却一直没有停止思索，只不过将其转到了潜意识中。当突然受到某一事物的启发，问题就一下子解决了。

法国著名数学家彭加勒曾用很长的时间来研究一个艰难的数学难题，百思不得其解。于是他决定到乡间去休息一下。当他上车的时候，后脚还没踏上汽车，脑海突然涌现出一个设想——非欧几何学的变换方法，这与他所研究的那个难题是一样的。真应了"踏破铁鞋无觅处，得来全不费工夫"。

灵感的珍贵之处突出地表现在高能高效、创新性和创造性上。我们常常会有这样的体验：我们经常遇到一些百思不得其解的疑难问题或长期悬而未决的棘手问题，在灵感突然爆发的瞬间迎刃而解，使我们有一种茅塞顿开、豁然开朗之感，那些苦苦思索、求之不得的答案瞬间展现在人们面前。灵感的闪现

思维影响人生
——用黄金思维解决生活难题

既激动人心又扣人心弦，因为灵感所提供的答案往往是我们经过长期思索、有时是花费数十年思考的心血在瞬间爆发而得到的，潜意识在激活知识和信息等素材的过程中，长期蓄积起来的思维能量终于冲破各种思维阻力而使"灵感火山"得以爆发，灵感火山在爆发时往往伴随着精神振奋、情绪亢奋，带给人们创造成功的极大快乐。

灵感的瞬间爆发是以长期的艰苦探索、长期的思考酝酿为基础的。从灵感产生的过程来看，灵感的酝酿往往有一个因人而异、长短不一的潜伏期，它的出现以飞跃性顿悟——灵感突现为标志，即在百思不得其解之后突然悟出一个问题的绝妙答案或解决方案。一般来说，从对难题开始思考到产生飞跃性顿悟之间，显意识思维经历了"思考"和"思考中断"两个阶段，逻辑思考的中断实际上仅仅是显意识思维的"休眠"，实际上潜意识思维仍然在悄悄地工作，这种以潜意识思维孕育灵感的时间段可以是数日、数月，也可能长达数年甚至更长时间。

世界上很多伟大的发明、优秀的文艺作品都是创造者顽强的、坚韧的创新性劳动的结晶。没有巨大的劳动做准备，根本不可能有任何灵感的产生。灵感是在创造性劳动中出现的心理、意识的运动和发展的飞跃现象，这种飞跃现象是心理、意识由量变到质变的转化的结果。所以说，灵感思维就是善于把自己的内部世界导入创造性活动的心理状态。

曾有一个记者问门捷列夫："您是怎么发现元素周期律的？"他回答道："这个问题我考虑了近20年，而你却认为，坐着不动，突然成功了！事情并不是这样的！"

由此可见，灵感的瞬间爆发是以长期的艰苦探索、长期的思考酝酿为基础的，而并非真的是"突发奇想"的"神来之笔"，而是长期思考的结果，就像一位有着诸多发明创造经历的创新者被问到为何能有如此成就时，他的回答是："只因我时刻在准备创造。"就因为有着"十个月的"努力准备，才会迎来"一朝分娩"的喜悦，而这种准备既包括实际的物质研究，也包括创造者的心理准备。

因他人点化突发灵感

我们常常在阅读或与他人的交谈中，因一句话的启发而茅塞顿开，思路如泉涌，这种灵感称为点化型灵感。

这种类型的灵感在发明创造方面有着重要的应用价值。

苏联火箭专家库佐廖夫为解决火箭上天的推力问题而苦恼万分，食不知味，夜不能寐，当他的妻子得知原因后，说："此有何难呢，像吃面包一样，一个不够再加一个，还不够，继续

增加。"他一听，茅塞顿开，采用三节火箭捆绑在一起进行接力的办法，终于解决了火箭上天的推力难题。

桑拜恩是著名的瑞士化学家。他在发明烈性火药时没有实验场所，只好用自己家里的厨房，因为这样做很危险，所以遭到妻子的一再反对。一次，桑拜恩在妻子外出时偷偷在厨房做实验，正当他在炉子上加热硫酸和硝酸混合液的时候，听到妻子由远而近的脚步声，他赶紧把实验器皿收起来。情急之中，把一只装酸的坩埚打破了，酸液流淌满地。为了不让妻子发现，他顺手拿起妻子的棉布围裙，把炉子和地板上的酸迹揩尽。后来，他用水洗了围裙，打算挂在炉子上烘干，这时，却只听"噗"的一声，围裙着火，烧得一干二净，却没有一丝烟雾。桑拜恩见此大受启发，脑子豁然开朗，于是发明了"火药棉"。

相传，我国著名书法家郑板桥，未成名时，成天琢磨前辈书法大家的体势，总想写得与前辈书法家一模一样。一天晚上睡觉时，手指先在自己身上练字，朦胧之中手指写到妻子身上，妻子被惊醒，生气地说："我有我体，你有你体，你为何写我体！"他从妻子的话中马上得到启示——应该写自己的一体，不能一味地学人。在这个思想作用下，他刻苦用功，朝夕揣摩，终于成了自成一家的一代名书法家。

思想家罗素曾经说过："机遇偏爱那些有准备的人。"在科学史上，经常有一些偶然事件的出现从而导致了一些重大的发现，了解这些对我们思维的提升是大有益处的。

下面这个故事中的主人翁也是因为一个偶然事件的启发而使工作走上了通畅的轨道。

晓兰在一家广告公司做了快两年，可是觉得有些泄气，凭着著名大学本科的学历进入这家公司，她很希望能好好表现一番，可是始终拿不出可以让她扬眉吐气的成绩来。

最近，一位比她资历还浅的学妹，竟然因为一个很有创意的方案，不但让客户十分满意地和公司签下了长期合约，而且还得了广告创意大奖。晓兰觉得面子有些挂不住了，心灰意冷地打算辞职另找其他性质的工作。

"我太笨了！可能不适合干这行。"因为心情不好影响到身体，晓兰擤着鼻涕坐在医院的候诊室里，心中还不住地嘀咕。

"广告学的理论我都背得滚瓜烂熟，技术也不输人家，可是为什么做出来的东西都是那么死板？"想着想着，晓兰不由自主地叹了口气。

她使劲儿擤着鼻涕，两眼无神地望着前方。医生迟到了，匆匆进入了诊疗室。忽然，晓兰捏皱了口袋中拟好的辞职信，站起来就往外走。

过了几个星期，晓兰所在的广告公司推出了这样一个电视广告。

一位身穿手术衣帽并戴着口罩的大夫，正紧皱眉头专心动手术，四周的气氛紧张而凝重。护士不停地为医生擦拭额头上的汗。只见他伸手接过一把剪刀，再一伸手接过一把刀子，过

思维影响人生
——用黄金思维解决生活难题

了一会儿又一伸手接过一个瓶子往下倒……医生手持瓶子，拉下口罩，注视着自己的杰作，满意地笑了。

镜头一转，他的杰作竟然是一锅让人垂涎三尺的螃蟹。

这时唯一的一句旁白响起："只有××牌调味料，才能让你大显身手！"

这个佳作可是晓兰在诊室的那一刻受到启发想出来的点子呢！

点化型灵感，重在"点化"二字，如何得到点化也成了获得点化型灵感的关键。这就要求我们得养成良好的习惯，如读书。人们都说"书中自有黄金屋"，往往书中的一句话、一个理念便可以给我们带来很大的触动，激发出创意之光。与人交谈同样可以获取灵感，我们常说"听人一席话，胜读十年书"，他人的观点也许并不系统，他人的话语也许并非有所指，而往往正是无心之语，被有心人听到，也可以引发一场创意的革命。获得灵感还要求我们善于观察、认真思考，保持思维的敏感度和灵活度，将看到的、听到的偶然之事、偶然之言与自己关注的领域相结合，促使我们得出不一般的创见。

恍然大悟中的灵感

我们常常有这样的体验：当一个问题长久难以解决被搁置后，在某一时刻，也许与此时我们所思考的问题无关，却会突然间对之前的那个问题有了全面透彻的理解。我们把突然的、

意想不到的感觉或理解叫作顿悟型
灵感。

顿悟型灵感是由疑难而转化为顿悟
（恍然大悟）的一种特殊的心理状态。一
闪而过，稍纵即逝。

灵感不能确定预期，难以寻觅，
它的降临往往是突如其来的。

达尔文回忆说："我能记得那
个地方，因为，当时我坐在马车
里，突然想到了一个问题的答
案。"数学家高斯也曾说过，他
求证很多年，一直没有解决的难题，终于在两天内成功了……
一下解开了，他也说不清这是什么原因。

顿悟型灵感往往就是一刹那的，有时我们甚至说不出它源
于何处，但抓住它，也许就能成功，错过它，也许就成了永远
的遗憾了。许多发明创造者都有过神奇的"顿悟"经历。

有一天，正为如何显示高能粒子运动轨迹发愁的美国核物
理学家格拉肖在餐厅喝啤酒时，不小心将手中的鸡骨掉到啤酒
杯里，随着鸡骨逐渐下沉，周围不断冒出啤酒的气泡，因而显
示出了鸡骨的运动轨迹。格拉肖见此情景，灵机一动，他想：
若用高能粒子所能穿透的介质来代替啤酒，再用高能粒子来代
替鸡骨，是否就能显示高能粒子的运动轨迹呢？格拉肖带着这

思维影响人生
——用黄金思维解决生活难题

种设想积极地投入到研究中去，终于发现带电高能粒子在穿越液态氢时，同样会出现气泡，从而清晰地显示出粒子的飞行轨迹，发明了液态气泡室。

以发明袖珍电脑和袖珍电视闻名的英国发明家辛克莱在谈到怎样设计出袖珍电视时，曾这样写道：我多年来一直在想，怎样才能把显像管的"长尾巴"去掉。有一天，我突然来了灵感，巧妙地将"尾巴"做成了90度弯曲，使它从侧面而不是后面发射电子，结果就设计出了厚度只有3厘米的袖珍电视机。

或许每个人都有过虽然萌发了良好的构思，却没有进一步发展的经历。在这种情况下，不妨将它搁置十多天，甚至一个月，在这段时间内，这些构思会在头脑的潜意识中得到酝酿，然后豁然开朗地找到解决之道。

如果你百思不得其解，这就代表所面临的问题超出了大脑理论的处理能力。此时，你最好对大脑中所储存的记忆，即过去的经验等各种概念、印象加以总动员。

如果在这种时候仍是一味地思考，不但无法发挥大脑的功能，而且只会浪费时间、徒增疲劳而已。其实，你不妨将这些构思搁置一段时间，在此期间，大脑会在潜意识中追溯、寻找潜在的和以往的情报（概念或印象），持续进行与你的构思相结合的工作。虽然你可能以为自己渐渐远离了原先的构思，但其实你的大脑却是拼命地在思索着。这段持续期间就称为"酝酿"。此时，如果潜在性地储存在你的大脑中的过去的情报能够与现在面对的课题相结合，你就会在瞬间内爆发出灵感。

由此，我们可以知道，顿悟型灵感的产生是基于长时间的思考的。将问题暂时搁置并不意味着停止思考，而是潜意识中一直在努力寻找突破口，思考成熟之时，也正是创意产生之时。

来自梦幻的启发

有一种灵感叫创造性梦幻，即是从梦中情景获得有益的"答案"，推动创造的进程。

在汉朝，传说司马相如要给汉武帝献赋，可是不知献什么好。夜里他梦见一位黄胡须的老者对他说："可为《大人赋》。"司马相如醒后，真的按梦中所示，献上《大人赋》，结果受到了汉武帝的赏赐。

宋朝诗人陆游，以《记梦》、《梦中作》为题的诗稿，在其全集中多达90余首。其中有一首诗的题目是：《五月十一日夜且半，梦从大驾亲征，尽复汉唐故地，见城邑人物繁丽，云西凉府也喜甚，马上作长句，未终篇而觉，乃足成之》。从这首诗的题目中，我们便可以看出他是如何在梦中吟诗作赋，进行文学创作的。

苏东坡在梦中也多有佳作产生，仅《东坡志林》一书，就记载着他在梦中作诗作文的许多材料。例如："苏轼梦见参寥诗"、"苏轼梦赋《裙带词》"、"苏轼梦中作祭文"、"苏轼梦中作靴铭"，等等。

宋朝许彦周在《诗话》中曾说："梦中赋诗，往往有之。"

思维影响人生
——用黄金思维解决生活难题

我国古代的许多诗人、文学家都有梦中赋诗、改诗、作文、评句的记载。其实不仅是文学创作如此，其他的发明创造据说亦有许多是得益于梦的。

美国宾夕法尼亚大学的希尔普·雷西特是楔形文字的破译者。他在自己的自传中写道：

到了半夜，我觉得全身疲乏极了！于是，上床睡觉，不久就睡着了。朦胧之中，我做了一个很奇异的梦——一个高高瘦瘦的、大约40来岁的人，穿着简单的袈裟，很像是古代尼泊尔的僧侣，将我带至寺院东南侧的一座宝物库。然后我们一起进入一间天窗开得很低的小房间。房间里，有一个很大的木箱子，和一些散放在地上的玛瑙及琉璃的碎片。

突然，这位僧侣对我说：你在第22页和26页分别发表的两篇文章里，所提到的有关刻有文字的指环，实际上它并不是指环，它有着这样一段历史：某次，克里加路斯王（约公元前1300年）送了一些玛瑙、琉璃制的东西，和上面刻有文字的玛瑙奉献筒给贝鲁的寺院。不久，寺院突然接到一道命令：限时为尼尼布神像打造一对玛瑙耳环。当时，寺院中根本没有现成的材料，所以，僧侣们觉得非常困难。为了完成使命，在不得已的情况下，他们只好将奉献筒切割成三段。因此，每一段上面，各有原来文章的一部分。开始的两段，被做成了神像的耳环，而一直困扰你的那两个破片，实际上就是奉献筒上的某一部分。如果你仔细地把两个破片拼在一起，就能够证实我的话了。

僧侣说完了以后，就不见了。这个时候，我也从梦中惊醒过来。为了避免遗忘，我把梦到的细节，一五一十地说给妻子听。第二天一早，我以梦中僧侣所说的那一段话作为线索，再去检验破片，结果很惊奇地发现，梦中所见到的细节，都得到了证实。

据说俄国化学家门捷列夫也有类似的经历，为探求化学元素之间的规律，研究和思考了很长的时间，却未取得突破。他把一切都想好了，就是排不出周期表来。为此他连续三天三夜坐在办公桌旁苦苦思索，试图将自己的成果制成周期表，可是没有成功。大概是太劳累的缘故，他便倒在桌旁呼呼大睡，想不到睡梦中各种元素在表中都按它们应占的位置排好了。一觉醒来，门捷列夫立即将梦中得到的周期表写在一张小纸上，后来发现这个周期表只有一处需要修正。他风趣地说："让我们带着要解决的问题去做梦吧！"

为什么在清醒状态下百思不得其解，而在梦中却会得到创造性的启示呢？其实，这并非什么奇异现象。当个体处于睡眠状态时，并不等于机体的绝对静止，它的新陈代谢过程仍在缓慢进行，此时的思维活动不但在进行，而且它超越了白天清醒状态缠绕于头脑中的"可能与不可能"、"合理与不合理"、"逻辑与非逻辑"的界限，而进入一个超越理性、横跨时空的自由自在的思维状态，使我们获得了无限智慧。

产生于一张一弛的遐想型灵感

遐想型灵感，即是紧张工作之余，大脑处于无意识的轻松悠闲的情况下而产生的灵感。

有人曾对 821 名发明家作过调查，发现在悠闲场合产生灵感的比例比较高。

从科学史看，在乘车、坐船、钓鱼、散步或睡梦中都可能会涌现灵感，给人提供新的设想。

达尔文在有了进化论的基本概念之后的一天，正在阅读马尔萨斯的《人口论》作为休息，这时，他突然想到：在生存竞争的条件下，有利的变异可能被保存下来，而不利的则被淘汰。他把这个想法记了下来。后来又有一个重要问题未得解释，即由同一原种繁衍的机体在变异的过程中有趋异的倾向。而这个问题也是他在类似的情况下解决的。

德国物理学家亥姆霍兹说："在对问题做了各方面的研究以后，巧妙的设想不费吹灰之力意外地到来，犹如灵感。"

他发现的这些设想，不是在精神疲惫或是伏案工作的时候，而往往是在一夜酣睡之后的早上，或是当天气晴朗缓步攀登树木葱茏的小山之时想到的。

还有些科学家的灵感和顿悟发生在病榻之上，爱因斯坦关于时间空间的深奥概括是在病床上想出来的。生物学家华莱士关于进化论中自然选择的观点是在他发疟疾时想到的。这真是：踏破铁鞋无觅处，得来全不费工夫！

蒸汽机的发明者瓦特，发明了蒸汽机上的分离凝结器。青年时代的瓦特在英国格拉斯哥大学修一台纽可门蒸汽机时，发现它有严重的缺点，气筒外露，四周冷空气使其温度逐渐下降，蒸汽放进去，没等气筒热透，就有相当一部分变成水了，使得大约3/4的蒸汽白白浪费。瓦特下决心要解决保持气筒温度、提高热效率的问题。他不断地研究、思索、探讨，时间一天天过去，解决的答案却无影无踪。在一个夏日的早晨，瓦特起床后，漫步在空气清新、花香鸟语的大学校园里，时而仰望广阔的天空，时而平视熟悉的操场。突然，如同电光一闪，头脑中一个清晰的思想出现了：在气筒外边加一个分离凝结器。这使得瓦特豁然开朗，立即回工作室夜以继日地实验、研究，终于制成了分离凝结器，这才诞生了现代意义上的蒸汽机。

灵感的一时闪现是长久努力积累的成果在意识中的迸发。它需要我们对所研究的问题保持浓厚的兴趣，而且，很重要的一点是，要保持意念的单纯，摒除心中的杂念，在深思熟虑之余要适时让大脑休息一下，一旦产生灵感，便敏锐地捕捉到它，不要与这稍纵即逝的思想火花失之交臂。

画家达·芬奇在创作《最后的晚餐》时，会连日在画架上工作，也会一声不响就停下来休息。达·芬奇善于让工作和休

息轮番上阵，酝酿出完美的艺术创作。

遐想型灵感产生于这一张一弛中，紧张的思索使注意力集中于问题的核心，闲适的放松可以使思绪天马行空，产生更多的想法和点子，这二者是相辅相成的。正如《达·芬奇7种天才》一书中所说的，"找出你的酝酿节奏，并学着信赖它们，此是通往直觉和创造力的简单秘诀"。

找出适合自己灵感诞生的氛围

灵感并非随时随地都会产生，而是需要一个特定的环境，在一个特殊的氛围下才可以触发奇思妙想像泉水一样涌出。许多艺术家在他们自己设计的工作室里面工作是最富有成效的。

外界环境也许并不如我们的愿，这时，就需要我们自己来创造。

先考虑一下什么样的环境能激发自己的灵感。这可能需要调整屋内的灯光，放一些背景音乐，控制室内温度，开窗，或是让你自己舒舒服服地坐在一张沙发上，穿你的"幸运"衣服，或者是把外界的噪音和打扰全部阻在门外。

同时确保你所要使用的工具，比如纸、笔、白板、电脑软件，或是一些艺术用品都已经齐备。如果为了找一支好用的笔而打断了一个富有成效的灵感是划不来的。

具有高度创造力的人，往往有各自的思考时间和空间，也就是说在某一时间、某种环境下，最容易想出好主意。享有"当代爱迪生"美称的中松义郎博士，每天都从"静屋"到"动力屋"再到"泳房"去寻求他的点子。

其他伟大的思想家、作家、发明家也都有他们自己创造的最佳时间和空间。海明威一大早就在咖啡馆里写作；艾灵顿公爵在火车上作曲；笛卡尔在床上工作；爱迪生在实验室睡觉，以便随时将灵感记录下来；贝多芬随身带着笔记本以便记录他作曲的想法。

即使是我们普通的人也懂得某些时候、某些地点特别容易闪出好主意。当你驱车在路上奔跑时，突然会闪出一个念头，只消片刻，你就解决了困扰你一天的难题。或者当你沐浴时，你也不知怎么回事，就想到一个绝妙的计划。灵感看起来好像就是被某些时刻某些地点给激发出来的。

虽然我们不能与世界上伟大的思想家相提并论，但是，学习他们的经验，建立适合自己的思考时间和思考地点，对我们是有好处的。

有人做了一项最佳创意时间的测试，结果位居前 10 位的最佳创意时间是：

（1）坐在马桶上。

（2）洗澡或刮胡子时。

（3）上下班公车上。

（4）快睡着时或刚睡醒时。

（5）参加无聊的会议时。

（6）休闲阅读时。

（7）做体育锻炼时。

（8）半夜醒来时。

（9）上教堂听布道时。

（10）从事体力劳动时。

如果你对于名列第一的创意时间有所怀疑，那么看看利润位居美国企业前列的广告公司——美国第一线，你就会同意。这家总部设在休斯敦的迅速崛起的广告公司因推出"printmedium"广告而名声大噪。"printmedium"是一种分男性版和女性版的公共洗手间内的平面广告，它让那些坐在马桶上的男女不再无聊。公司的创办人在谈到这一创意的过程时说："我是在休斯敦饭店洗手间的马桶上读着贴在墙上的报纸时才想到这个主意的。"还有，美国太空总署基地的洗手间里，就很细心地在墙上拴了个8厘米

×13厘米的空白卡片，旁边还用链子挂了一支笔，以便人们随时记下自己的灵感。

我们也应该细察一下自己的习惯，找出最容易出灵感的时间。然后，在你需要点子的时候，尽可能地创造机会营造那些最佳创意时刻。正如爱因斯坦曾经说过的：

"和淋浴交个朋友吧。若你在淋浴时不自觉地哼起歌来，说不定歌里就有你要的好点子。"

营造最佳创意时间，可以说就是让自己暂时休息一下，离开办公桌去倒杯咖啡；走到别的部门；放下手头的工作，改做另一件积压已久但很容易完成的工作；翻翻杂志，或者看看窗外的景致。

一位广告公司的创意总监说："我特别愿意打字，打字的动作可以让我放松，就像赛跑选手比赛前的热身运动。"

南茜·贝朵，福特汽车公司执行中心总裁，利用上下班开车时放松自己。她说她在"开车时非常有意识地让大脑浮想，漫无边际地想。我不开收音机，不去想那些还没做完的工作。时间飞逝，很难找到时间让自己完全自在；我在开车时就达到那种状态，我发现那是我最有创造力的时刻"。

灵感诞生的环境因人而异，有的人在精神放松时才会产生灵感，而有的人在紧急时刻会产生好想法，那么，就需要我们仔细地审视一下自己，掌握自己的思考规律，营造最恰当的环境，催生出最佳的创意。

第九章
换位思维——站在对方位置，才能更清楚问题的关键

先站到对方的角度看问题

换位思维的一个显著的特征就是站在对方的角度看问题。这样，我们将得到一个崭新的视角，这有利于问题的有效解决。

著名的牧师约翰·古德诺在他的著作《如何把人变成黄金》中举了这样一个例子：

多年来，作为消遣，我常常在距家不远的公园散步、骑马，我很喜欢橡树，所以每当我看见小橡树和灌木被不小心引起的火烧死，就非常痛心，这些火不是由粗心的吸烟者引起，它们大多是那些到公园里体验土著人生活的游人所引起，他们在树下烹饪而烧着了树。火势有时候很猛，需要消防队才能扑灭。

在公园边上有一个布告牌警告说：凡引起火灾的人会被罚款甚至拘禁。

但是这个布告竖在一个人们很难看到的地方，尤其儿童更是很难看到它。虽然有一位骑马的警察负责保护公园，但他很不尽职，火仍然常常蔓延。

有一次，我跑到一个警察那里，告诉他有一处着火了，而且蔓延很快，我要求他通知消防队，他却冷淡地回答说，那不

思维影响人生
——用黄金思维解决生活难题

是他的事，因为不在他的管辖区域内。我急了，所以从那以后，当我骑马出去的时候，我担任自己委任的"单人委员会"的委员，保护公共场所。每当看见树下着火，我非常着急。最初，我警告那些小孩子，引火可能被拘禁，我用权威的口气，命令他们把火扑灭。如果他们拒绝，我就恫吓他们，要将他们送到警察局——我在发泄我的反感。

结果呢？儿童们当面顺从了，满怀反感地顺从了。在我消失在山后边时，他们重新点火，让火烧得更旺——希望把全部树木烧光。

这样的事情发生多了，我慢慢教会自己多掌握一点人际关系的知识，用一点手段，一点从对方立场看事情的方法。

于是我不再下命令，我骑马到火堆前，开始这样说：

"孩子们，很高兴吧？你们在做什么晚餐？……当我是一个小孩子时，我也喜欢生火玩儿，我现在也还喜欢。但你们知道在这个公园里，火是很危险的，我知道你们没有恶意，但别的孩子们就不同了，他们看见你们生火，他们也会生一大堆火，回家的时候也不扑灭，让火在干叶中蔓延，伤害了树木。如果我们再不小心，不仅这儿没有树了。而且，你们可能被拘入狱，所以，希望你们懂得这个道理，今后注意点。其实我很喜欢看你们玩耍，但是那很危险……"

这种说法产生了很大效果。儿童们乐意合作，没有怨恨，没有反感。他们没有被强制服从命令，他们觉得好，古德诺也觉得好。因为他考虑了孩子们的观点——他们要的是生火玩儿，而他达到了自己的目的——不发生火灾，不毁坏树木。

站在对方的角度看问题，往往可以使我们更清晰地了解对方的处境，也可以使对方更真切地感受到我们的关怀，促进事情的顺利发展。

被誉为世界上最伟大的推销员的乔·吉拉德是一个善于站在对方角度考虑问题的人，这一特点也是成就他的推销神话的秘密之一。

曾经有一次一位中年妇女走进乔·吉拉德的展销室，说她想在这儿看看车打发一会儿时间。闲谈中，她告诉乔·吉拉德她想买一辆白色的福特车，就像她表姐开的那辆一样，但对面福特车行的推销员让她过一小时后再去，所以她就先来这儿看看。她还说这是她送给自己的生日礼物："今天是我55岁生日。"

"生日快乐！夫人。"乔·吉拉德一边说，一边请她进来随便看看，接着出去交代了一下，然后回来对她说："夫人，您喜欢白色车，既然您现在有时间，我给您介绍一下我们的双门式轿车——也是白色的。"

他们正谈着，女秘书走了进来，递给乔·吉拉德一束玫瑰花。乔·吉拉德把花送给那位夫人："祝您生日快乐，尊敬的夫人。"

显然她很受感动，眼眶都湿了。"已经很久没有人给我送礼物了。"她说，"刚才那位福特推销员一定是看我开了部旧车，以

为我买不起新车，我刚要看车他却说要去收一笔款，于是我就上这儿来等他。其实我只是想要一辆白色车而已，只不过表姐的车是福特，所以我也想买福特。现在想想，不买福特也可以。"

　　最后她在乔·吉拉德这儿买走了一辆雪佛莱，并开了一张全额支票，其实从头到尾乔·吉拉德的言语中都没有劝她放弃福特而买雪佛莱的词句。只是因为吉拉德对她的关心使她感觉受到了重视，契合了这位妇女当时的心理，于是她放弃了原来的打算，转而选择了乔·吉拉德的产品。

　　上面两则故事告诉了我们这样一个道理：无论是面对什么样的人，解决什么样的问题，都要努力做到站在对方的角度看问题，这样，说出的话、提出的解决方案才能迎合对方的心理，使事情的进展更加顺利。

己所不欲，勿施于人

"己所不欲，勿施于人"是换位思维的一个核心理念，当我们能切身地领悟到这种境界时，有许多不理解的事都会豁然开朗。

当你做错了一件事，或是遇到挫折时，你是期望你的朋友说一些安慰、鼓励的话，还是希望他们泼冷水呢？也许你会说："这不是废话吗，谁会希望别人泼冷水呢？"可是，当你对别人泼冷水时，可曾注意到别人也有同样的想法？事实上，很多人都没有注意到这一点。

美国《读者文摘》上发表过一篇名为《第六枚戒指》的故事，很形象地说明换位思考给我们心灵带来的震动。

美国经济大萧条时期，有一位姑娘好不容易找到了一份在高级珠宝店当售货员的工作。在圣诞节的前一天，店里来了一个 30 岁左右的男性顾客，他衣着破旧，满脸哀愁，用一种不可企及的目光，盯着那些高级首饰。

这时，姑娘去接电话，一不小心把一个碟子碰翻，6 枚精美绝伦的戒指落到地上。她慌忙去捡，却只捡到了 5 枚，第 6 枚戒指怎么也找不着了。这时，她看到那个 30 岁左右的男子正向门口走去，顿时意识到戒指被他拿去了。当男子的手将要触及门把手时，她柔声叫道："对不起，先生！"那男子转过身来，两人相视无言，足有几十秒。"什么事？"男人问，脸上的肌肉在抽搐，他再次问："什么事？""先生，这是我头一份工作，现在找个工作很难，想必你也深有体会，是不是？"姑娘神色黯然地说。

男子久久地审视着她，终于一丝微笑浮现在他的脸上。他说："是的，确实如此。但是我能肯定，你在这里会干得不错。我可以为你祝福吗？"他向前一步，把手伸给姑娘。"谢谢你的祝福。"姑娘也伸出手，两只手紧紧地握在一起，姑娘用十分柔和的声音说："我也祝你好运！"

男子转过身，走向门口，姑娘目送他的背影消失在门外，转身走到柜台，把手中的第6枚戒指放回原处。

己所不欲，勿施于人的道理更说明这样一个事实，那就是善待别人，也就是善待自己。可以说，任何一种真诚而博大的爱都会在现实中得到应有的回报。在我们运用换位思维的时候，当我们真诚地考虑到对方的感受和需求而多一分理解和委婉时，意想不到的回报便会悄然而至。

多年以前，在荷兰一个小渔村里，一个勇敢的少年以自己的实际行动使全村人懂得了为他人着想也就是为自己着想的道理。

由于全村的人都以打渔为生，为了应对突发海难，人们自发组建了一支紧急救援队。

一个漆黑的夜晚，海面上乌云翻滚，狂风怒吼，巨浪掀翻了一艘渔船，船员的生命危在旦夕。他们发出了 SOS 的求救信号。村里的紧急救援队收到求救信号后，火速召集志愿队员，

乘着划艇，冲入了汹涌的海浪中。

全村人都聚集在海边，翘首眺望着云谲波诡的海面，人们都举着一盏提灯，为救援队照亮返回的路。

一个小时之后，救援队的划艇终于冲破浓雾，乘风破浪，向岸边驶来。村民们喜出望外，欢呼着跑上前去迎接。

但救援队的队长却告知：由于救援艇容量有限，无法搭载所有遇险人员，无奈只得留下其中的一个人，否则救援艇就会翻覆，那样所有的人都活不了。

刚才还欢欣鼓舞的人们顿时安静了下来，才落下的心又悬到了嗓子眼儿，人们又陷入了慌乱与不安中。这时，救援队队长开始组织另一批队员前去搭救那个最后留下来的人。16岁的汉斯自告奋勇地报了名。

但他的母亲忙抓住了他的胳膊，用颤抖的声音说："汉斯，你不要去。10年前，你父亲就是在海难中丧生的，而一个星期前，你的哥哥保罗出了海，可是到现在连一点消息也没有。孩子，你现在是我唯一的依靠了，求求你千万不要去。"

看着母亲那日见憔悴的面容和近乎乞求的眼神，汉斯心头一酸，泪水在眼中直打转，但他强忍住没让它流下来。

"妈妈，我必须去！"他坚定地答道，"妈妈，你想想，如

思维影响人生
——用黄金思维解决生活难题

果我们每个人都说：'我不能去，让别人去吧！'那情况将会怎样呢？假如我是那个不幸的人，妈妈，你是不是也希望有人来搭救我呢？妈妈，你让我去吧，这是我的责任。"汉斯张开双臂，紧紧地拥吻了一下他的母亲，然后义无反顾地登上了救援队的划艇，冲入无边无际的黑暗之中。

10分钟过去了，20分钟过去了……一个小时过去了。这一个小时，对忧心忡忡的汉斯的母亲来说，真是太漫长了。终于，救援艇再次冲破迷雾，出现在人们的视野中。岸上的人群再一次沸腾了。

靠近岸边时，汉斯高兴地大声喊道："我们找到他了，队长。请你告诉我妈妈，他就是我的哥哥——保罗。"

这就是人生的报偿。

"己所不欲，勿施于人"，就是要换位思考，就是将自己想要的东西给予别人，自己需要帮助，就给别人帮助；自己需要关心，就给别人以爱心，当我们真心付出时，回报也就随之而来了。

用换位思维使自己摆脱窘境

拿破仑入侵俄国期间，有一次，他的部队在一个十分荒凉的小镇上作战。

当时，拿破仑意外地与他的军队脱离，一群俄国哥萨克士兵盯上他，在弯曲的街道上追逐他。慌忙逃命之中，拿破仑潜入僻巷一个毛皮商的家。当拿破仑气喘吁吁地逃入店内时，他连连哀求那毛皮商："救救我，救救我！快把我藏起来！"

毛皮商就把拿破仑藏到了角落的一堆毛皮底下，刚收拾好，哥萨克人就冲到了门口，他们大喊："他在哪里？我们看见他跑进来了！"

哥萨克士兵不顾毛皮商的抗议，把店里给翻得乱七八糟，想找到拿破仑。他们将剑刺入毛皮内，还是没有发现目标。最后，他们只好放弃搜查，悻悻离开。

过了一会儿，当拿破仑的贴身侍卫赶来时，毫发无损的拿破仑这才从那堆毛皮下钻出来，这时，毛皮商诚惶诚恐地问拿破仑："阁下，请原谅我冒昧地对您这个伟人问一个问题：刚才您躲在毛皮下时，知道可能面临最后一刻，您能否告诉我，那是什么样的感觉？"

谁都可以想象得到，方才的一幕有多么惊心动魄，但是，拿破仑作为一国首领，他无法在自己的士兵面前表现出胆怯，也就无法将自己的感受用语言告诉毛皮商。于是，拿破仑站稳身子，愤怒地回答："你，胆敢对拿破仑皇帝问这样的问题？卫兵，将这个不知好歹的家伙给我推出去，蒙住眼睛，毙了他！我，本人，将亲自下达枪决令！"

卫兵捉住那可怜的毛皮商，将他拖到外面面壁而立。

被蒙上双眼的毛皮商看不见任何东西，但是他可以听到卫兵的动静，当卫兵们排成一列，举枪准备射击时，毛皮商甚

至可以听见自己的衣服在冷风中簌簌作响。他感觉到寒风正轻轻拉着他的衣襟、冷却他的脸颊，他的双腿不由自主地颤抖着，接着，他听见拿破仑清清喉咙，慢慢地喊着："预备——瞄准——"那一刻，毛皮商知道这一切无关痛痒的感伤都将永远离他而去，而眼泪流到脸颊时，一股难以形容的感觉自他身上泉涌而出。

经过一段漫长的死寂，毛皮商人忽然听到有脚步声靠近他，他的眼罩被解了下来——突如其来的阳光使得他视觉半盲，他还是感觉到拿破仑的目光深深地又故意地刺进他的眼睛，似乎想洞察他灵魂里的每一个角落，后来，他听见拿破仑轻柔地说："现在，你知道了吧？"

运用换位思维，要求我们在交际僵局出现时，把角色"互换"一下，这样，就很可能轻松打破僵局，为自己争取主动。让对方坐在自己的位置上，对事物之间的位置关系进行互换，就能让对方理解自己的感受。

为对方着想

换位思维的行为主旨之一就是为对方着想。在生活中，若遇到只为自己着想的人，我们常常会说这个人自私，鄙视其为人，自然就会很少与其来往。相反，若遇到的是一个能为他人着想的人，我们常常会敬佩其为人，也很乐意与他来往。思己及人，为了创建一个良好的人际交往环境，我们应该尽可能地为对方着想。

倘若期望与人缔结长久的友谊，彼此都应该为对方着想。钓不同的鱼，投放不同的饵。卡耐基说："每年夏天，我都去梅恩钓鱼。以我自己来说，我喜欢吃杨梅和奶油，可是我看出由于若干特殊的理由，鱼更爱吃小虫。所以当我去钓鱼的时候，我不想我所要的，而想鱼儿所需要的。我不以杨梅或奶油作为钓饵，而是在鱼钩上挂上一条小虫或是一只蚱蜢，放入水里，向鱼儿说：你喜欢吃吗？"

如果你希望拥有完美交际，你为什么不采用卡耐基的方法去"钓"一个个的人呢？

依特·乔琪，美国独立战争时期的一个高级将领，战后依旧宝刀不老，雄居高位，于是有人问他："很多战时的领袖现在都退休了，你为什么还身居要职呢？"

他是这样回答的："如果希望继续留任，那么就应该学会钓鱼。钓鱼给了我很大的启示，从鱼儿的愿望出发，放对了鱼饵，鱼儿才会上钩，这是再简单不过的道理。不同的鱼要使用不同的钓饵，如果你一厢情愿，长期使用一种鱼饵去钓不同的鱼，你一定会劳而无功的。"

这的确是经验之谈，是智慧的总结。总是想着自己，不顾别人的死活，不管对方的感受，心中只有"我"，是不可能拥有完美的人际关系的。

为什么有些人总是"我"字当头呢？这是孩子的想法，不

思维影响人生
——用黄金思维解决生活难题

成熟的表现。你只要认真地观察一下孩子，你就会发现孩子那种"我"字当头的本性。当然，一个人如果完全不注意自己的需要，那是不可能的，也是不实际的。因此，注意你自己的需要，这是可以理解的，可是如果你信奉"人不为己，天诛地灭"，变成了一个十足的利己主义者，那么，你就会对他人漠不关心，难道还希望他人对你关怀备至吗？

卡耐基说，世界上唯一能够影响对方的方法，就是时刻关心对方的需要，并且还要想方设法满足对方的这种需要。在与对方谈论他的需要时，你最好真诚地告诉对方如何才能达到目的。

有一次，爱默逊和他的儿子，要把一头小牛赶进牛棚里去，可是父子俩都犯了一个常识性的错误，他们只想到自己所需要的，没有想到那头小牛所需要的。爱默逊在后面推，儿子在前面拉。可是那头小牛也跟他们父子一样，也只想自己所想要的，所以挺起四腿，拒绝离开草地。

这种情形被旁边的一个爱尔兰女佣看到了。这个女佣不会写书，也不会做文章，可是，她懂得牲口的感受和习性，她想到这头小牛所需要的。只见这个女佣人把自己的拇指放进小牛的嘴里，让小牛吮吸拇指，女佣使用很温和的方法把这头倔犟的小牛引进了牛棚里。

亨利·福特说："如果你想拥有一个永远成功的秘诀，那么这个秘诀就是站在对方的立场上考虑问题——这个立场是对方感觉到的。"

这是一种能力，而这种能力就是你获得成功的技巧。

不把自己的意志强加于人

有一位牧师和一个屠夫的交情很不错。他们有空就一起聊天、钓鱼。屠夫是个酒鬼，但牧师在他面前从不谈饮酒方面的事。亲友们多次规劝屠夫戒酒，有的说："再这样下去，会喝烂你的心肺！"还有的说："嗜酒如命，定会自毙！"然而无论怎样劝说都没有用。于是便请牧师帮忙，可是牧师不肯，他只是和屠夫继续往来。

有一天，屠夫到牧师那里去，流着泪说："我儿子刚才对我说，他有两样东西不喜欢——一是落水狗，二是酒鬼，因为都有一身的臭味。你肯帮助酒鬼吗？"

牧师等待这一天已经很久了，于是他和一位医生共同协助屠夫将酒戒了。"15 年来他滴酒不沾。"牧师说，"有一次我问他：'你为什么不要别人帮助而来求助于我？'他说：'因为只有你从来没有逼过我。'"

在人与人的相处中，总会出现各种各样的差异，此时，应该多用换位思维来思考，分析对方的态度和处境，而不应将自己的意志强加于人，那样，只会造成对方的抵触和误解。

《如何使人们变得高贵》一书中说："把你对自己事情的高度兴趣，跟你对其他事情的漠不关心做个比较。那么，你就会

思维影响人生
——用黄金思维解决生活难题

明白，世界上其他人也正是抱着这种态度。"这就是：要想与人相处，成功与否全在于你有无偏见，能不能以同情的心理理解别人的观点。

偏见往往会使一方伤害另一方，如果另一方耿耿于怀，那关系就无法融洽。反之，受损害的一方具有很大的度量，能从大局出发，这样会使原先持偏见者在感情上受到震动，导致他转变偏见，正确待人。

一个年轻人的妻子近来变得忧郁、沮丧，常为一些小事对他吵吵嚷嚷，甚至打骂孩子。他无可奈何之下只好躲在办公室，不想回家。

有位经验丰富的长者见他这样就问他最近是否与妻子争吵过，年轻人回答说："为装饰房间争吵过。我爱好艺术，比妻子更懂得色彩，我们特别为卧室的颜色大吵了一架，我想漆的颜色，她就是不同意，我也不肯让步。"

长者又问："如果她说你的办公室布置得不好，把它重新布置一遍，你又如何想呢？"

"我绝不能容忍这样的事。"青年回答说。

长者却解释说："办公室是你的权力范围，而家庭以及家里的东西则是你妻子的权力范围，若按照你的想法去布置'她的'厨房，那她就会和你刚才一样感觉受到侵犯似的。在布置住房上，双方意见一致最好，不能用苛刻的标准去要求她，要商量，妻子就应有否决权。"

年轻人恍然大悟，回家对妻子说："一位长者开导了我，我错了，我不该把我的意志强加于你。现在我想通了，你喜欢怎样布置房间就怎样布置吧，这是你的权利，随你的便吧。"妻子听后非常感动，两人言归于好。

夫妻生活也和其他人际关系一样，对那些不尽如人意的地方，只有采取换位思维，给对方理解和尊重才能有助于矛盾的解决。世界本来就很复杂，什么样的人都有，什么样的思想都有。如果你事事要求别人按你的想法去做，那只能失去朋友，自己堵住自己的路。

第十章

辩证思维——真理就住在谬误的隔壁

简说辩证思维

有一天，苏格拉底看到一个年轻人正在向众人宣讲"美德"。苏格拉底就向年轻人请教："请问，什么是美德？"

年轻人不屑地看着苏格拉底说："不偷盗、不欺骗等品德就是美德啊！"

苏格拉底又问："不偷盗就是美德吗？"

年轻人肯定地回答："那当然了，偷盗肯定是一种恶德。"

苏格拉底不紧不慢地说："我在军队当兵，有一次，接受指挥官的命令深夜潜入敌人的营地，把他们的兵力部署图偷了出来。请问，我这种行为是美德还是恶德？"

年轻人犹豫了一下，辩解道："偷盗敌人的东西当然是美德，我说的不偷盗是指不偷盗朋友的东西。偷盗朋友的东西就是恶德！"

苏格拉底又问："又有一次，我一个好朋友遭到了天灾人祸的双重打击，对生活失去了希望。他买了一把尖刀藏在枕头底下，准备在夜里用它结束自己的生命。我知道后，便在傍晚时分溜进他的卧室，把他的尖刀偷了出来，使他免于一死。请问，

思维影响人生
——用黄金思维解决生活难题

我这种行为是美德还是恶德啊？"

年轻人仔细想了想，觉得这也不是恶德。这时候，年轻人很惭愧，他恭恭敬敬地向苏格拉底请教什么是美德。

苏格拉底对年轻人的反驳运用的就是辩证思维。辩证思维是指以变化发展的视角认识事物的思维方式，通常被认为是与逻辑思维相对立的一种思维方式。在逻辑思维中，事物一般是"非此即彼"、"非真即假"，而在辩证思维中，事物可以在同一时间里"亦此亦彼"、"亦真亦假"而无碍于思维活动的正常进行。

谈到辩证思维，我们不能不提到矛盾。正因为矛盾的普遍存在，才需要我们以变化、发展、联系的眼光看问题。就像苏格拉底能从年轻人给出的美德的定义中找到诸多矛盾，就是因为年轻人忽视了辩证思维，或者他并不懂应该辩证地看待事物。

我们的生活无处不存在矛盾，也就无处不需要辩证思维的运用。

从下面的故事中你也许可以体会出矛盾的普遍性，以及辩证思维的奇妙之处。

从前有一个老和尚，在房中无事闲坐着，身后站着一个小和尚。门外甲、乙两个和尚在争论一个问题，双方争执不下。一会儿甲和尚气冲冲地跑进房来，对老和尚说："师傅，我说的这个道理，是应该如此这般的，可是乙却说我说得不对，您看我说得对还是他说得对？"老和尚对甲和尚说："你说得对！"甲和尚很高兴地出去了。过了几分钟，乙和尚气愤愤地跑进房来，他质问老和尚说："师傅，刚才甲和我辩论，他的见解根本就是错的，我是根据佛经上说的，我的意思是如此这般，您说是我说得对呢，还是他说得对？"老和尚说："你说得对！"乙和尚也欢天喜地地出去了。乙走后，站在老和尚身后的小和尚，悄悄地在老和尚耳边说："师傅，他俩争论一个问题，要么就是甲对，要么就是乙对，甲如对，乙就不对；乙如对，甲就肯定错啦！您怎么可以都说他们对呢？"老和尚掉过头来，对小和尚望了一望，说："你也对！"

　　故事中的主人公并非是非不分，而是两位小和尚从不同角度对问题的理解都是正确的。这也说明了我们生活中许多事物并不只存在一个正确答案，若尝试用辩证思维去思考，往往会看到问题的不同维度，也就会得到许多不同的见解，而不致产生偏颇。

对立统一的法则

　　在生活中，我们找不到两片完全相同的树叶，同样，也不存在绝对的对与错。所有的判断都是以一个参照物为标准的，参照物变化了，结论也就变化了。这使得事物本身存在着矛盾，

思维影响人生
——用黄金思维解决生活难题

而这个对立统一的法则，是唯物辩证法最根本的法则。

著名的寓言作家伊索，年轻时曾经当过奴隶。有一天，他的主人要他准备最好的酒菜，来款待一些哲学家。当菜都端上来时，主人发现满桌都是各种动物的舌头，简直就是一桌舌头宴。客人们议论纷纷，气急败坏的主人将伊索叫了进来问道："我不是叫你准备一桌最好的菜吗？"

只见伊索谦恭有礼地回答："在座的贵客都是知识渊博的哲学家，需要靠舌头来讲述他们高深的学问。对于他们来说，我实在想不出还有什么比舌头更好的东西了。"

哲学家们听了他的陈述都开怀大笑。第二天，主人又要伊索准备一桌最不好的菜，招待别的客人。宴会开始后，没想到端上来的还是一桌舌头，主人不禁火冒三丈，气冲冲地跑进厨房质问伊索："你昨天不是说舌头是最好的菜，怎么这会儿又变成了最不好的菜了？"

伊索镇静地回答："祸从口出，舌头会为我们带来不幸，所以它也是最不好的东西。"

一句话让主人哑口无言。

在不同的时间、不同的地点，对不同的对象，最好的可以变成最坏的，最坏的亦可变成最好的。这就是辩证的统一。

还有一个故事，可以让我们领会到应如何运用对立统一法则。

海湾战争之后，一种被称为 M1A2 型坦克开始装备美军。这种坦克的防护装甲是当时世界上最坚固的，它可抵抗时速超过 4500 千米、单位破坏力超过 13500 千克的打击力量。那么，这种品质优异的防护装甲是如何研制成功的呢？

乔治·巴顿中校是美国陆军最优秀的坦克防护装甲专家之一。他接受研制 M1A2 型坦克装甲的任务后，立即拽来了一位"冤家"作为搭档——著名破坏力专家迈克·舒马茨工程师。两人各带一个研究小组开始工作。所不同的是，巴顿所带的研制小组，负责研制防护装甲；舒马茨带的则是破坏小组，专门负责摧毁巴顿研制出来的防护装甲。

刚开始，舒马茨总是能轻而易举地把巴顿研制的坦克炸个稀巴烂。但随着时间的推移，巴顿一次次地更换材料，修改设计方案，终于有一天，舒马茨使尽浑身解数也未能破坏这种新式装甲。于是，世界上最坚固的坦克在这种近乎疯狂的"破坏"与"反破坏"试验后诞生了。巴顿与舒马茨也因此而同时荣膺了紫心勋章。

利用"破坏"与"反破坏"的矛盾关系制造坦克装甲的过程，也就是利用辩证思维中对立统一法则，巧妙处理事物的矛盾的过程。这也是在告诉我们，当事物的一个方面对我们不利时，可以考虑将它的两方面特性统一起来，使其互相补充、互相促进。

在偶然中发现必然

太阳的东升西落，地球运行的轨道，潮起潮落，月亮的阴晴圆缺，春夏秋冬的更替，一切都有自身的规律。

任何事情的发生，都有其必然的原因。有因才有果。换句话说，当你看到任何现象的时候，你不要觉得不可理解或者奇怪，因为任何事情的发生都有其原因。

格德纳是加拿大一家公司的普通职员。一天，他不小心碰翻了一个瓶子，瓶子里装的液体打湿了桌上一份正待复印的重要文件。

格德纳很着急，心想这下可闯祸了，文件上的字可能看不清了。

他赶紧抓起文件来仔细察看，令他感到奇怪的是，文件上被液体打湿的部分，其字迹依然清晰可见。

当他拿去复印时，又一个意外情况出现了，复印出来的文件，被液体污染后很清晰的那部分，竟变成了一团黑斑，这又使他转喜为忧。

为了消除文件上的黑斑，他绞尽脑汁，但一筹莫展。

突然，格德纳的头脑中冒出一个针对"液体"与"黑斑"倒过来想的念头。自从复印机发明以来，人们不是为文件被盗印而大伤脑筋吗？为什么不以这种"液体"为基础，化不利为有利，研制一种能防止盗印的特殊液体呢？

格德纳利用这种逆向思维，经过长时间艰苦努力，最终把这种产品研制成功。但他最后推向市场的不是液体，而是一种深红的防影印纸，并且销路很好。

格德纳没有放过一次复印中的偶然事件，由字迹被液体浸

染后变清晰，复印出的却是黑斑这一现象，联想到文件保密工作中的防止盗印，由此开发了防影印纸。不得不说他抓住了一个创新的良机。

衣物漂白剂的发明与此有异曲同工之妙，也是源于一次偶然的发现。

吉麦太太洗好衣服后，把拧干的洗涤物放到一边，疲倦地站起来伸伸腰。这时，吉麦先生下意识地挥了一下画笔，蓦地，蓝色颜料竟沾在了洗好的白衬衣上。

他太太一面嘀咕一面重洗。但雪白的衬衣因沾染蓝色颜料，任她怎么洗，仍然带有一点淡蓝色。她无可奈何地只好把它晒干。结果，这件沾染蓝颜料的白衬衣，竟更鲜丽、更洁白了。

思维影响人生
——用黄金思维解决生活难题

"呃！这就奇怪啦！沾染颜料竟比以前更洁白了！"

"是呀！的确比以前更白了，奇怪！"他太太也感到惊异。

翌日，他故意像昨天一样，在洗好的衣服上沾染了蓝颜料，结果晒干的衬衣还是跟上次一样，显得异常明亮、雪白。第三天，他又试验了一次，结果仍然一样。

吉麦把那种颜料称为"可使洗涤物洁白的药"，并附上"将这种药少量溶解在洗衣盆里洗涤"的使用法，开始出售。普通新产品是不容易推销的，但也许是他具有广告的才能吧，吉麦的漂白剂竟出乎意料的畅销。凡是使用过的人，看着雪白得几乎发亮的洗涤物，无不啧啧称奇，赞许吉麦的"漂白剂"。

一经获得好评后，这种可使洗涤物洁白的"药"——蓝颜料和水的混合液，就更受家庭主妇的欢迎。

吉麦发明这种漂白剂出于偶然，由此可见，抓住偶然发现的东西，也是一种发明或创造的方法。

事物是有规律的，偶然中蕴涵着必然，对生活中的偶然现象不能轻易放过，仔细观察、善于思考，也许你会从中获得一些意外的发现。

苦难是柄双刃剑

用辩证的思维来看，苦难是一柄双刃剑，它能让强者更强，练就出色而几近完美的人格，但是同时它也能够将弱者一剑刺伤，从此倒下。

曾有这样一个"倒霉蛋"，他是个农民，做过木匠，干过泥瓦工，收过破烂，卖过煤球，在感情上受到过致命的欺骗，还打过一场3年之久的麻烦官司。他曾经独自闯荡在一个又一个城市里，做着各种各样的活计，居无定所，四处漂泊，生活上也没有任何保障。看起来仍然像一个农民，但是他与乡里的农民有些不同，他虽然也日出而作，但是不日落而息——他热爱文学，写下了许多清澈纯净的诗歌。每每读到他的诗歌，都让人们为之感动，同时为之惊叹。

　　"你这么复杂的经历怎么会写出这么纯净的作品呢？"他的一个朋友这么问他，"有时候我读你的作品总有一种感觉，觉得只有初恋的人才能写得出。"

　　"那你认为我该写出什么样的作品呢？《罪与罚》吗？"他笑道。

　　"起码应当比这些作品沉重和黯淡些。"

　　他笑了，说："我是在农村长大的，农村家家都储粪种庄稼。小时候，每当碰到别人往地里送粪时，我都会掩鼻而过。那时我觉得很奇怪，这么臭这么脏的东西，怎么就能使庄稼长得更壮实呢？后来，经历了这么多事，我却发现自己并没有学坏，也没有堕落，甚至连麻木也没有，就完全明白了粪和庄稼的关系。

　　"粪便是脏臭的，如果你把它一直储在粪池里，它就会一直这么脏臭下去。但是一旦它遇到土地，它就和深厚的土地结合，就成了一种有益的肥料。对于一个人，苦难也是这样。如果把

思维影响人生
——用黄金思维解决生活难题

苦难只视为苦难，那它真的就只是苦难。但是如果你让它与你精神世界里最广阔的那片土地结合，它就会成为一种宝贵的营养，让你在苦难中如凤凰涅槃，体会到特别的甘甜和美好。"

土地转化了粪便的性质，人的心灵则可以转化苦难的流向。在这转化中，每一次沧桑都成了他唇间的美酒，每一道沟坎都成了他诗句的源泉。他文字里那些明亮的妩媚原来是那么深情、隽永，因为其间的一笔一画都是他历经苦难的履痕。

苦难是把双刃剑，它会割伤你，但也会帮助你。

帕格尼尼，意大利著名小提琴家。他是一位在苦难的琴弦下把生命之歌演奏到极致的人。

4岁时经历了一场麻疹和强直性昏厥症，7岁患上严重肺炎，只得大量放血治疗。46岁因牙床长满脓疮，拔掉了大部分牙齿，其后又染上了可怕的眼疾。50岁后，关节炎、喉结核、肠道炎等疾病折磨着他的身体与心灵，后来声带也坏了。他仅活到57岁，就口吐鲜血而亡。

身体的创伤不仅仅是他苦难的全部。他从13岁起，就在世界各地过着流浪的生活。他曾一度将自己禁闭，每天疯狂地练琴，几乎忘记了饥饿和死亡。

像这样的一个人，这样一个悲惨的生命，却在琴弦上奏出了最美妙的音符。3岁学琴，12岁举办首场个人音乐会。他令无数人陶醉，令无数人疯狂！

乐评家称他是"操琴弓的魔术师"。歌德评价他："在琴弦上展现了火一样的灵魂。"李斯特大喊："天哪，在这四根琴弦中包含着多少苦难、痛苦与受到残害的生灵啊！"苦难净化心灵，悲剧使人崇高。也许上帝成就天才的方式，就是让他在苦难这所大学中进修。

弥尔顿、贝多芬、帕格尼尼，世界文艺史上的三大怪杰，最后一个失明，一个失聪，一个丧失语言能力！这就是最好的例证。

苦难，在这些不屈的人面前，会化为一种礼物，一种人格上的成熟与伟岸，一种意志上的顽强和坚韧，一种对人生和生活的深刻认识。然而，对更多人来说，苦难是噩梦，是灾难，甚至是毁灭性的打击。

其实对于每一个人，苦难都可以成为礼物或是灾难。你无需祈求上帝保佑，菩萨显灵。选择权就在你自己手里。一个人的尊严，就是不轻易被苦难压倒，不轻易因苦难放弃希望，不轻易让苦难磨灭自己蓬勃向上的心灵。

用你的坚韧和不屈，把灾难般的苦难变成人生的礼券。

塞翁失马，焉知非福

靠近边塞的地方，住着一位老翁。有一次，老翁家的一匹马，无缘无故挣脱缰绳，跑到胡人居住的地方去了。邻居都来安慰他，他平静地说："这件事难道不是福吗？"几个月后，那匹丢失的马突然又跑回家来了，还领着一匹胡人的骏马一起回来。邻居们得知，都前来向他家表示祝贺。老翁无动于衷，坦然道："这样的事，难道不是祸吗？"老翁的儿子生性好武，喜欢骑术。有一天，他儿子骑着胡人的骏马到野外练习骑射，烈马脱缰，他儿子摔断了腿。邻居们听说后，纷纷前来慰问。老翁淡然道："这件事难道不是福吗？"又过了一年，胡人侵犯边境，大举入塞。四乡八邻的精壮男子都被征召入伍，拿起武器去参战，死伤不可胜计。靠近边塞的居民，十室九空，在战争中丧生。唯独老翁的儿子因断了腿，没有去打仗。因而父子得以保全性命，安度余生。

老翁能够如此淡然地看待得与失，在于他一直在辩证地看问题，将辩证思维恰如其分地运用到了生活当中。

其实，真实的生活无处不存在着辩证法，它不会有绝对的好，也不会有绝对的坏。在此处的好到了彼处也许就变成了坏，同理，此处的坏到了彼处也许可以演化为好。就如我们的优势，在特定的环境中可以发挥得淋漓尽致，而脱离了这片土壤，也许会成为前进的绊脚石。

一个强盗正在追赶一个商人，商人逃进了山洞里。山洞极深也极黑，强盗追了上去，抓住了商人，抢了他的钱，还有他随身带的火把。山洞如同一座地下迷宫，强盗庆幸自己有一个火把。他借着火把的光在洞中行走，他能看清脚下的石头，能看清周围的石壁。因此他不会碰壁，也不会被石头绊倒。但是，他走来走去就是走不出山洞。最终，他筋疲力尽后死去。

商人失去了一切，他在黑暗中摸索行走，十分艰辛。他不时碰壁，不时被石头绊倒。但是，正因为他置身于一片黑暗中，他的眼睛能敏锐地发现洞口透进的微光，他迎着这一缕微光爬行，最终爬出了山洞。

世间本没有绝对的强与弱，这与环境的优劣、际遇的好坏等都是息息相关的，就像强盗因光亮而死去，商人因黑暗而得以存活，正是辩证的诠释。

我们总喜欢追求完美，认为完美才能得到快乐和幸福，稍有缺憾，便想方设法去弥补，殊不知残缺也是一种美。

从前，有一个国王，他有七个女儿，这七位美丽的公主是国王的骄傲。她们都拥有一头乌黑亮丽的头发，所以国王送给

思维影响人生
——用黄金思维解决生活难题

她们每人十个漂亮的发卡。

有一天早上，大公主醒来，一如往常地用发卡梳理她的秀发，却发现少了一个发卡。于是她偷偷地到了二公主的房里，拿走了一个发卡；二公主发现少了一个发卡，便到三公主房里拿走一个发卡；三公主发现少了一个发卡，也偷偷地拿走四公主的一个发卡；四公主如法炮制拿走了五公主的发卡；五公主一样拿走了六公主的发卡；六公主只好拿走七公主的发卡。

于是，七公主的发卡只剩下九个。

一天，邻国英俊的王子忽然来到皇宫，他对国王说："我的百灵鸟叼回了一个发卡，我想这一定是属于公主们的，这真是一种奇妙的缘分，不晓得是哪位公主掉了发卡？"

公主们听到这件事，都在心里说："是我掉的，是我掉的。"可是头上明明完整地别着十个发卡，所以心里都懊恼得很，却说不出。只有七公主走出来说："我掉了一个发卡。"话刚说完，一头漂亮的长发因为少了一个发卡，全部披散下来，王子不由得看呆了。

故事的结局，自然是王子与七公主从此一起过着幸福快乐的生活。

生活中我们总为失去的东西而懊恼，而悔恨，但是，用辩证思维来思量一番，就会发现，一时的失去也许会换得长久的拥有，一丝的缺憾也许会得到更美好的生活。世间万事万物无不如此。

化劣势为优势

当身处劣势时，人们不外乎有两种不同的表现。一种是一味抱怨，抱怨自己生不逢时，有才华却毫无用武之地；抱怨天公不作美，陷自己于困顿之中；另外一种是，按照辩证思维来思考，积极主动地寻找方法将它转化为优势。

下面这个故事中的男孩就是将辩证思维巧妙地运用到了自己的生活中，并将自己所处的劣势转化成了优势。

有一个男孩在报上看到招聘启事，正好是适合他的工作。第二天早上，当他准时前往招聘地点时，发现应聘队伍中已有20个男孩在排队。

男孩意识到自己已处于劣势了。如果在他前面有一个人能够打动老板，他就没有希望得到这份工作了。他认为自己应该动动脑筋，运用自身的智慧想办法解决困难。他不往消极面思考，而是认真用脑子去想，看看是否有办法解决。

他拿出一张纸，写了几句话，然后走出行列，并请后面的男孩为他保留位子。他走到负责招聘的女秘书面前，很有礼貌地说："小姐，请你把这张纸交给老板，这件事很重要。谢谢你。"

若在平时，秘书会很自然地回绝这个请求。但是今天她没有这么做。因为她已经观察这些男孩有一阵子了，他们有的表现出心浮气躁，有的则冷漠高傲。而这个男孩一直神情愉悦，态度温和，礼貌有加，给她留下了深刻的印象。于是，她决定

思维影响人生
——用黄金思维解决生活难题

帮助他，便将纸条交给了老板。老板打开纸条，见上面写着这样几句话："先生，我是排在第 21 号的男孩。在见到我之前请您不要作出决定，好吗？"

最后的结果可想而知，任何一位老板都会喜欢这种在遇到困难时开动脑筋，积极寻找解决办法的员工的。他已经有能力在短时间内抓住问题的核心，想办法转变自己的劣势，然后全力解决它，并尽力做好。这样的聪明员工，老板怎么会不用呢？

李嘉诚的成功经历中，有许多也都是在劣势中寻找方法，甚至逆潮流而上，最终将劣势转化为了优势。

1966 年底，低迷了近两年的香港房地产业开始复苏。但就在此时，香港人经历了自第二次世界大战后的第一次大移民潮。

移民者自然以有钱人居多，他们纷纷贱价抛售物业。自然，新落成的楼宇无人问津，整个房地产市场卖者多买者少，有价无市。地产商、建筑商焦头烂额，一筹莫展。

李嘉诚在此次事件中也受到了重大影响。但他一直在关注、观察时势，经过深思熟虑，他毅然采取惊人之举：人弃我取，趁低吸纳。李嘉诚在整个大势中逆流而行。

从宏观上看，他坚信世间事乱极则治、否极泰来。

正是基于这样的分析，李嘉诚做出"人弃我取，趁低吸纳"的历史性战略决策，并且将此看作千载难逢的拓展良机。

于是，在整个楼市低迷的时候，李嘉诚不动声色地大量收购。李嘉诚将买下的旧房翻新出租，又利用地产低潮建筑费低廉的良机，在地盘上兴建物业。李嘉诚的行为需要卓越的胆识和气魄。不少朋友为他的"冒险"捏了一把汗，同业的地产商都在等着看他的笑话。

1970年，香港百业复兴，地产市场转旺。这时，李嘉诚已经聚积了大量的收租物业。从最初的12万平方英尺，发展到35万平方英尺，每年的租金收入达390万港元。

李嘉诚成为这场地产危机的大赢家，并为他日后成为地产巨头奠定了基石。他在困境中逆流而上，勇于化劣势为优势的胆识与气魄着实令人钦佩。

工作中，机会往往和困境是连在一起的，它们之间是辩证统一的关系。因此，虽然每个人都希望求取势能，但只有那些勇于开拓思路、积极寻找方法，谋得有利于发展的资源的人，才能成就大业。

思维影响人生
——用黄金思维解决生活难题